常微分方程式

井ノ口順一
Inoguchi Jun-ichi

[著]

NBS
Nippyo Basic Series

日評ベーシック・シリーズ

日本評論社

はじめに

　この本は高等学校で「微分積分」について学んだ読者に常微分方程式の基本事項 (初等解法) を解説することを目的としている．常微分方程式の知識を必要とする大学生はもちろん，高校生が課題学習や SSH (スーパーサイエンスハイスクール) 等で微分方程式について学ぶためのテキストとしても使えるよう執筆した．

　この本で扱う内容は常微分方程式の解法であるが，何から何まで網羅的に解説するという方針ではなく，まず最初に身につけてほしい解法にしぼって解説した．自然科学・理工学・農学・人文科学の諸分野を学ぶ上で必須と思われる内容に重点を置いた．また偏微分法を必要とする内容は極力避け，1 変数函数(かんすう)の微分積分だけで読み進められるものに絞った．

　目的によって取捨していただければ半期・通年の授業のための教科書として活用できる．また数学系学科における低学年での微分積分に対する「演習」でも活用できる．実際，第 1 章から第 6 章までを山形大学数理科学科の 2 年生向け科目「微分積分学 II 演習」で活用した．

　この本の構成を説明しよう．

- 高等学校の微分積分を予備知識として，本編は始まる．第 1 章から第 5 章までは，大学で学ぶ微分積分学の知識を**必要としない**．ただし 4.2 節はオイラーの公式とテイラー展開について学んだ読者向けである．
- しかし高等学校の教科書でとりあげられている微分公式および積分公式に限定すると扱える例が少なくなってしまうため，高等学校で学んでいない不定積分については補足説明を第 0 章で行う．第 0 章は高校生が読者である場合を想定して「です・ます調」で説明を行う．第 1 章から始まる本編で

は，教科書らしく「である調」で解説を行う．
- 第 1 章から第 6 章までは大学で学ぶ 1 変数函数の微分積分学の知識があれば読める内容である (ただし 6.6 節は線型代数学を学んだ読者向けである)．第 7 章は線型代数学 (2 行 2 列の行列の取り扱い) を利用する．
- 偏微分法を本格的に必要とする内容はなるべく避けた．たとえば完全微分方程式は扱わなかった．完全微分方程式については拙著『リッカチのひ・み・つ』(日本評論社，2010) で扱っている．
- ただし第 7 章の 7.6 節と第 8 章では 2 変数函数の偏導函数を用いる．6.8 節に最小限の準備を用意してあるので，それを手がかりにすれば読めるよう執筆した．
- 高校生読者は第 0 章を参照しながら第 1 章から第 3 章までを目標に読み進めてほしい．第 3 章までたどりつかなくても最後の第 8 章には (拾い読みでよいので) 目を通してほしい．第 7 章は行列の学習をしながら (あるいは先生に教わりながら)，コンピュータで軌道を描き課題学習や SSH の研究テーマの手がかりに使ってもらえればと思う．
- 工学系や化学系の読者向けに「ラプラス変換」について手短かな解説を付録につけた．

以前の勤務校である山形大学理学部の 5 学科 (数理科学科・物理学科・物質生命科学科・生物学科・地球環境学科) の「学部共通科目」としての数学の授業科目の設置を検討する作業を行ったこと，SSH や岩手県高等学校教員研修に携わり，高校生向けの微分方程式の教科書を執筆する必要性を感じたこと，これら 2 点を反映して，この本で取り扱う内容を練り上げた．理工系学科の授業の教科書あるいは高等学校の各種活動でテキストとして活用いただき，改良点・改善点をお寄せいただければと思う．

執筆を進める上で山形大学理学部の先生方にご助言をいただいた．小回りの利く山形大学理学部の恵まれた研究環境なくしては本書は書き上げられなかったことを強調しておきたい．生物学・化学における微分方程式の実例について玉手英利先生・鵜浦 啓先生に，内容の取捨選択について富田憲一先生・郡司修一先生・衛藤 稔先生・遠藤龍介先生・臼杵 毅先生からご助言をいただいた．著者の不躾な質問やお願いに快くお答えいただいたこれらの先生方に厚く感謝を申し上げる．

数学的な記述に関しては畏友，西岡斉治先生に多くの助言をいただいた．入江 博先生 (茨城大学) は草稿の多くの誤植をご指摘くださった．小林真平先生 (北海道大学) には，いくつかの図版作成に協力いただいた．

　また高校数学の教材・教具開発に関し著者と議論・検討を行ってくださっている下町壽男先生 (岩手県立大野高等学校長) にお礼申し上げたい．下町先生との「高等学校微分積分の教材研究」に関する議論はこの本の執筆の下敷きになっている．

　最後に，本書の執筆者としてご推薦いただいた大賀雅美『数学セミナー』編集長，編集を担当いただいた筧裕子さんのご尽力にお礼申し上げる．

2015 年 6 月

井ノ口 順一

本書で用いる記号

> この本を通じて以下の記号を用いる.
> $\mathbb{N} = \{1, 2, \cdots\}$, 自然数の全体.
> $\mathbb{Z} = \{0, \pm 1, \pm 2, \cdots\}$, 整数の全体.
> $\mathbb{Q} = \left\{\pm \dfrac{m}{n} \mid m \text{ は } 0 \text{ または自然数}, n \text{ は自然数}\right\}$.
> $\mathbb{R} =$ 実数の全体.
> $\mathbb{R}^{\times} = 0$ でない実数の全体
> $\mathbb{C} =$ 複素数の全体.

実数が成分である 2 行 2 列の行列の全体を $\mathrm{M}_2 \mathbb{R}$ で表す. 本書ではいくつかの行列に特定の記法を固定する.

$$E = \begin{pmatrix} 1 & 0 \\ 0 & 1 \end{pmatrix} \quad \text{単位行列}, \quad O = \begin{pmatrix} 0 & 0 \\ 0 & 0 \end{pmatrix} \quad \text{零行列}.$$

$$N = \begin{pmatrix} 0 & 1 \\ 0 & 0 \end{pmatrix}, \quad J = \begin{pmatrix} 0 & -1 \\ 1 & 0 \end{pmatrix} \quad \text{原点中心の } 90°\text{回転行列}.$$

$$\hat{J} = \begin{pmatrix} 0 & 1 \\ 1 & 0 \end{pmatrix}, \quad \mathrm{diag}(a, b) = \begin{pmatrix} a & 0 \\ 0 & b \end{pmatrix}.$$

数平面を

$$\mathbb{R}^2 = \{(x, y) \mid x, y \text{ は実数}\}$$

で表す.

負でない整数 n に対し

$$(2n)!! = 2 \cdot 4 \cdot 6 \cdots 2n, \quad (2n+1)!! = 1 \cdot 3 \cdot 5 \cdots (2n+1)$$

と定める. ただし $(-1)!! = 1$ とみなす.

$$\min\{a, b\} = \begin{cases} a & a \leqq b \text{ のとき} \\ b & a \geqq b \text{ のとき}, \end{cases} \quad \max\{a, b\} = \begin{cases} a & a \geqq b \text{ のとき} \\ b & a \leqq b \text{ のとき}. \end{cases}$$

実数 a に対し $n \leqq a < n+1$ を満たす整数 n が唯一存在する. この n を $[a]$ や $\lfloor a \rfloor$ で表す.

目次

はじめに … i

第 0 章　微分積分学の準備と行列の対角化 … 1
- 0.1　記号の約束 … 1
- 0.2　いくつかの用語 … 1
- 0.3　導函数 … 3
- 0.4　逆三角函数 … 5
- 0.5　双曲線函数 … 7
- 0.6　積分公式 … 9
- 0.7　広義積分 … 10
- 0.8　行列の対角化 … 11

第 1 章　プロローグ：微分方程式とは … 18
- 1.1　微分積分を使ってみよう … 18
- 1.2　常微分方程式の実例 … 20
- 1.3　基本用語 … 24

第 2 章　変数分離形 … 27
- 2.1　変数分離形の例 … 27
- 2.2　変数分離形とは … 28
- 2.3　変数分離形の微分方程式を解く … 33
- 2.4　同次形 … 39

第 3 章　1 階線型常微分方程式 … 48
- 3.1　線型常微分方程式を解いてみる … 48
- 3.2　定数変化法 … 50
- 3.3　積分因子 … 54
- 3.4　ベルヌーイ方程式とリッカチ方程式 … 55

第 4 章　2 階線型常微分方程式 … 58
- 4.1　定数係数斉次のとき … 58
- 4.2　オイラーの公式 … 65
- 4.3　力学への応用 … 67
- 4.4　定数係数非斉次のとき … 73
- 4.5　ロンスキー行列式 … 79
- 4.6　定数変化法 … 83

第 5 章　微分演算子を使う解法 … 90
- 5.1　微分演算子 … 90
- 5.2　非斉次線型常微分方程式を解く … 99
- 5.3　山辺の方法 … 102

第 6 章　級数解と直交多項式 … 107
- 6.1　テイラー級数 … 107
- 6.2　級数解 … 114
- 6.3　ルジャンドル多項式 … 115
- 6.4　エルミート多項式 … 123
- 6.5　チェビシェフ多項式 … 127
- 6.6　直交多項式とは … 132
- 6.7　確定特異点 … 137
- 6.8　補足：偏微分 … 141

第 7 章　連立 1 階常微分方程式 … 148
- 7.1　連立 1 階常微分方程式の例 … 148
- 7.2　定数係数斉次の場合 … 150
- 7.3　テイラー展開 … 153
- 7.4　1 径数群 … 159
- 7.5　ベクトル場の積分曲線 … 162
- 7.6　平衡点 … 165

第 8 章　エピローグ：なぜ微分積分を学んできたのだろうか … 173
- 8.1　オイラー–ラグランジュ方程式 … 173
- 8.2　最速降下線 … 176
- 8.3　変分原理 … 179

付録 A　ベータ函数とガンマ函数 … 181
- A.1　ベータ函数 … 181
- A.2　ガンマ函数 … 184

付録 B　ラプラス変換 … 187
- B.1　ヘヴィサイドのアイディア … 187
- B.2　ラプラス変換による微分方程式の解法 … 191

付録 C　解の存在と一意性 … 194

問題の解答 … 196
参考文献 … 210
索引 … 212

第0章
微分積分学の準備と行列の対角化

1 変数函数の微分積分学で,この本で必要となる事柄を手短にまとめておきます.証明は略し事実のみを集めてあるため,証明を学びたい読者は微分積分学の教科書 (たとえば同じシリーズの『微分積分』) を参照してください.この本を読み進める上では,ここに挙げた事実を認めて計算を実行して行けばよいように執筆してあります.高校生読者は,ここに述べられた内容を復習し,「新しい知識」については詳細を気にせず「事実を認めて」先に進んでください. (大学での) 微分積分学についてすでに充分学んだ読者は次章から読み始めて構いません.また最後に第 7 章で用いる「行列の対角化」について説明します.

0.1 記号の約束

まず iv ページの「本書で用いる記号」をみてください.たとえば,この本を通じて実数の全体を $\mathbb{R}$ で表します.

一般に a が集合 A の要素であることを $a \in A$ と表記します.そこで今後は「a は実数である」ということを $a \in \mathbb{R}$ と書き表します[1].

0.2 いくつかの用語

二つの実数 $a, b \in \mathbb{R}$,ただし $a < b$ に対し

---

[1] 高校生読者へ:少しずつ高等学校で学んでいない記号や習慣を覚えてください.そういうものに慣れると大学生向けの「数学教科書」や「読み物 (副読本)」が読めるようになります.

$$[a,b] = \{x \in \mathbb{R} \mid a \leqq x \leqq b\}$$

と定め，a を左端，b を右端にもつ**有界閉区間**とよびます．

$$(a,b) = \{x \in \mathbb{R} \mid a < x < b\}$$

を a を左端，b を右端にもつ**有界開区間**とよびます．

$$[a,b) = \{x \in \mathbb{R} \mid a \leqq x < b\}, \quad (a,b] = \{x \in \mathbb{R} \mid a < x \leqq b\}$$

は**半開区間**とよばれます．無限開区間を次のように定めます[2]．

$$(a, +\infty) = \{x \in \mathbb{R} \mid a < x\}, \quad (-\infty, b) = \{x \in \mathbb{R} \mid x < b\}$$

同様に無限閉区間を

$$[a, +\infty) = \{x \in \mathbb{R} \mid a \leqq x\}, \quad (-\infty, b] = \{x \in \mathbb{R} \mid x \leqq b\}$$

で定めます．数直線 $\mathbb{R}$ は無限開区間 $(-\infty, +\infty)$ で表せることに注意してください．有界開区間と無限開区間をあわせて**開区間**とよびます．おなじ要領で，有界閉区間と無限閉区間をあわせて閉区間とよびます．開区間，閉区間，半開区間を総称して**区間**とよびます．

f が区間 I で定義された函数(かんすう)であることを $f: I \to \mathbb{R}$ と表します．

定義 0.1 開区間 I で定義された函数 f に対し，$a \in I$ において $f(a) = \lim_{x \to a} f(x)$ が成り立つとき f は a において**連続**であるという．I のすべての点で連続であるとき f は I で連続であるという．

注意 関数？ この本では関数とは書かずに函数と書いています．

注意 閉区間 $[a,b]$ で定義された函数 f に対し，f が端点 a, b で連続であるとは

$$\lim_{x \to a+0} f(x) = f(a), \quad \lim_{x \to b-0} f(x) = f(b)$$

が成り立つことを言う．

2] $+\infty$ は ∞ とも書き表します．

0.3 導函数

導函数の定義を復習しましょう.

定義 0.2 開区間 I で定義された函数 $f: I \to \mathbb{R}$ と I の一点 a に対し極限

$$\lim_{x \to a} \frac{f(x) - f(a)}{x - a}$$

が存在するとき f は $x = a$ において**微分可能**であるという. この極限を f の a における**微分係数**とよび $f'(a) = \dfrac{\mathrm{d}f}{\mathrm{d}x}(a)$ と表記する. とくに f が I のすべての点において微分可能ならば f は I で微分可能であるという.

$f: I \to \mathbb{R}$ を微分可能な函数とします. $a \in I$ に $\dfrac{\mathrm{d}f}{\mathrm{d}x}(a)$ を対応させます ($a \longmapsto \dfrac{\mathrm{d}f}{\mathrm{d}x}(a)$ と表記します). この対応により I 上の新しい函数が定まります. この函数を f の**導函数**とよび $\dfrac{\mathrm{d}f}{\mathrm{d}x}$ で表します. この本の本編では導函数を

$$f'(x) = \frac{\mathrm{d}f}{\mathrm{d}x}(x)$$

と表す方式を使っています. ただし時刻 t の微分可能な函数 $f(t)$ については導函数を

$$\dot{f}(t) = \frac{\mathrm{d}f}{\mathrm{d}t}(t)$$

と表記します[3].

半開区間や閉区間で定義された函数については次のように対処します.

定義 0.3 $f: [a, b) \to \mathbb{R}$ に対し

$$f'_+(a) = \lim_{t \to a+0} \frac{f(x) - f(a)}{x - a}$$

が存在するとき f は a において**右微分可能**であるという. $f'_+(a)$ を f の a における**右微分係数**とよぶ.

---

[3] ニュートンは, 時間変数 t に依存する量 x を**流量** (fluent) とよび, x の速度に当たる量である**流率** (fluxion) を $\dot{x}$ で表しました. その記法に由来します.

定義 0.4 函数 $f: [a,b] \to \mathbb{R}$ が (a,b) で微分可能でありさらに $x = a$ で右微分可能であるとき f は $[a,b]$ 上で微分可能であるという．このとき f の (a,b) 上の導函数 $f'(x)$ を $f'(a) = f'_+(a)$ で $[a,b]$ に拡張する．

同様に左微分係数 $f'_-(b)$ を定めて，$(a,b]$ 上の微分可能函数を定義できます．また左微分係数と右微分係数の両方を用いて閉区間 $[a,b]$ 上の微分可能函数を定めます．

函数 $f'(x)$ がさらに I 上で微分可能であるとき，f は I で 2 回微分可能であるといい，$f'(x)$ の導函数を

$$f''(x) = \frac{\mathrm{d}^2 f}{\mathrm{d} x^2}(x)$$

で表します．$f''(x)$ を f の 2 階導函数とよびます[4]．この繰り返しで「n 回微分可能な函数」と n 階導函数 $f^{(n)}(x) = \dfrac{\mathrm{d}^n f}{\mathrm{d} x^n}(x)$ を定めます．

定義 0.5 n 回微分可能な函数 $f: I \to \mathbb{R}$ に対し $f^{(n)}$ が I で連続であるとき，f は I で n 階連続微分可能であるという．f は I で C^n 級であるともいう．

定義 0.6 区間 I で定義された函数 f がすべての負でない整数 n について C^n 級であるとき f は C^∞ 級であるという．f は I で滑らか (smooth) であるともいう．f が I で連続であることを f は I で C^0 級であると言い表す．

f, g を区間 I 上の C^∞ 級函数としましょう．f と g から新しい函数 fg を

$$(fg)(x) = f(x)g(x)$$

で定め f と g の積とよびます．$fg = gf$ ですね．高等学校で学んだように fg は微分可能で

$$(fg)'(x) = f'(x)g(x) + f(x)g'(x)$$

が成り立ちます．この等式を $(fg)' = f'g + fg'$ と略記します．$(fg)'$ は微分可能で，その導函数は

---

[4] 時刻 t の函数 $f(t)$ が 2 回微分可能なとき，その 2 階導函数を $\ddot{f}(t)$ で表記します．

$$\{(fg)'\}' = (f'g + fg')' = f''g + 2f'g' + fg''$$

です．微分を繰り返すと

$$\frac{\mathrm{d}^n}{\mathrm{d}x^n}(fg) = \sum_{r=0}^{n} {}_nC_r f^{(r)} g^{(n-r)}, \quad {}_nC_k = \frac{n!}{k!(n-k)!} \tag{0.1}$$

が得られます．この公式を**ライプニッツの公式**とよびます．${}_nC_k$ は**二項係数**です．

0.4　逆三角函数

正弦函数 $y = \sin x$ は $(-\infty, +\infty)$ で定義された 2π を周期とする**周期函数**です (図 0.1)．すなわちどの x についても $\sin(x + 2\pi) = \sin x$ を満たしています．$y = \sin x$ は $(-\infty, +\infty)$ で定義され $[-1, 1]$ に値をもちます．$y_1 \in [-1, 1]$ を一つとった際に $y_1 = \sin x$ を満たす x は無数にあります．したがって $y = \sin x$ の逆函数はうまく定まりません．

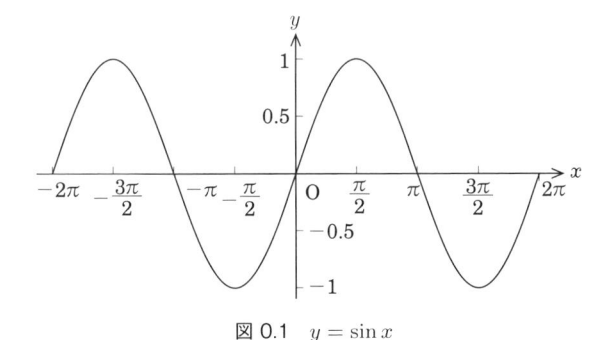

図 0.1　$y = \sin x$

そこで x は $-\pi/2 \leqq x \leqq \pi/2$ という制限をつければ与えられた $y \in [-1, 1]$ に対し $y = \sin x$ となる x はただ一つだけ定まります．この x を $\sin^{-1} y$ の**主値**といいます．したがって逆函数 $x = \sin^{-1} y$ が定まります．

同様に $0 \leqq x \leqq \pi$ と制限をかけて $x = \cos^{-1} y$, $-\pi/2 < x < \pi/2$ と制限して $x = \tan^{-1} y$ を定めます．

$x = \sin^{-1} y$ のように x を y の函数として表したままだと，ちょっと落ちつかないかもしれません．今までどおりの慣れている形 (y を x の函数として表す) に書き直しておきます．あらためて

図 0.2 　$y = \sin^{-1} x$

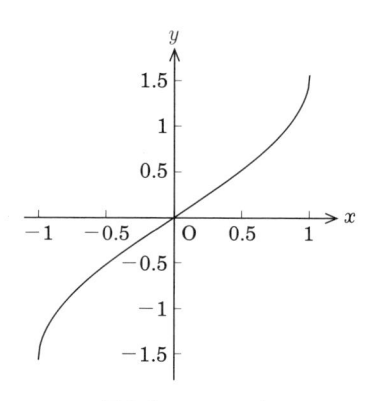

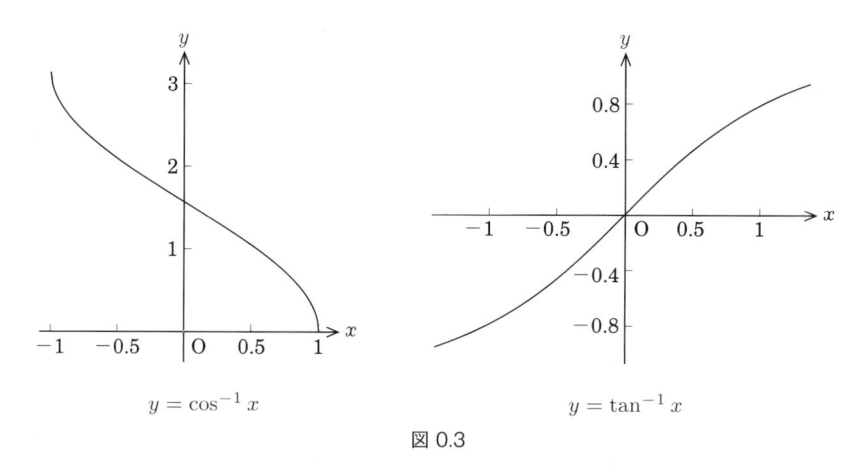

$y = \cos^{-1} x$

$y = \tan^{-1} x$

図 0.3

$$y = \sin^{-1} x, \quad y = \cos^{-1} x, \quad y = \tan^{-1} x$$

の導函数を求めましょう．逆函数の微分法を使います．$y = \sin^{-1} x$ を $x = \sin y$ と書き換えると

$$\frac{dx}{dy} = \frac{d}{dy} \sin y = \cos y = \sqrt{1 - x^2}$$

より

$$\frac{dy}{dx} = \frac{1}{\frac{dx}{dy}} = \frac{1}{\sqrt{1 - x^2}}.$$

同様の計算で $(\cos^{-1} x)' = -1/\sqrt{1-x^2}$ が確かめられます．また $(\tan^{-1} x)' = 1/(1+x^2)$ も得られます．

0.5　双曲線函数

　$x > 0$ に対し 10 を底とする x の対数 $\log_{10} x$ を x の**常用対数**とよんでいましたね．また高等学校の微分積分で自然対数を学びました．$e = \lim_{n \to \infty} \left(1 + \dfrac{1}{n}\right)^n$ で定まる実数 e を底とする対数 $\log_e x$ を x の**自然対数**とよびます．また e を**自然対数の底**とよびます．

　この本では x の自然対数を，底 e を省略して $\log x$ で表します．化学分野などでは常用対数 $\log_{10} x$ を $\log x$ と書き自然対数 $\log_e x$ を $\ln x$ と書くことがあるので注意してください．

　指数函数 $y = e^x$ のことを $y = \exp x$ とも表記します．また電気工学の教科書で起電力を表すときに文字 e を使うため自然対数の底を ε と書いているものもありますので注意してください．

　指数函数 e^x を用いて $\mathbb{R}$ 上の函数 $\cosh x$ と $\sinh x$ を

$$\cosh x = \frac{1}{2}(e^x + e^{-x}), \quad \sinh x = \frac{1}{2}(e^x - e^{-x}) \tag{0.2}$$

で定め**双曲余弦函数**，**双曲正弦函数**とよびます (図 0.4)．相加相乗平均の不等式より

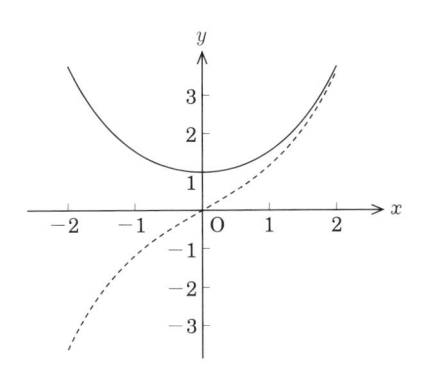

図 0.4　$y = \cosh x$ (実線) と $y = \sinh x$ (破線)

$$\cosh x = \frac{1}{2}(e^x + e^{-x}) \geqq \sqrt{e^x e^{-x}} = 1$$

であることに注意しましょう．

また

$$(\cosh x)^2 - (\sinh x)^2 = \frac{1}{4}\{(e^x + e^{-x})^2 - (e^x - e^{-x})^2\} = 1$$

を満たしています．双曲正接函数を $\tanh x = \sinh x / \cosh x$ で定めます (図 0.5)．

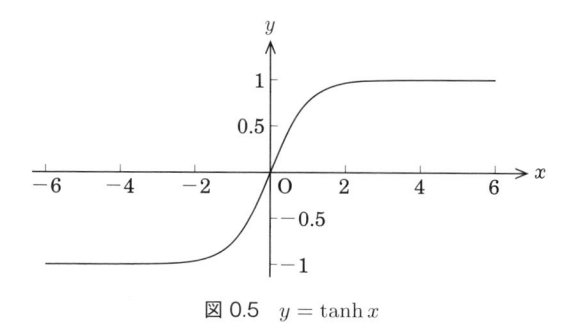

図 0.5　$y = \tanh x$

問題 0.7　$(\sinh x)' = \cosh x$, $(\cosh x)' = \sinh x$, $(\tanh x)' = 1/\cosh^2 x$ を確かめよ．$\operatorname{sech} x = 1/\cosh x$ と定めておく．

$(\sinh x)' = \cosh x \geqq 1$ であるから $y = \sinh x$ は単調増加．したがって逆函数 $x = \sinh^{-1} y$ が定まります．同様に $y = \tanh x$ も逆函数 $x = \tanh^{-1} y$ を定めます．一方，$y = \cosh x$ は偶函数，つまり $\cosh(-x) = \cosh x$ を満たすので与えられた y に対し $y = \cosh x$ を満たす x は二つあります．非負[5]の方を $\cosh^{-1} y$ と書くともう一方は $-\cosh^{-1} y$ と表せます．

問題 0.8　次の公式を確かめよ．

$$(\sinh^{-1} x)' = \frac{1}{\sqrt{x^2 + 1}}, \quad (\cosh^{-1} x)' = \frac{1}{\sqrt{x^2 - 1}}, \quad (\tanh^{-1} x)' = \frac{1}{1 - x^2}.$$

---

[5]　$x \in \mathbb{R}$ が $x \geqq 0$ を満たすとき x は非負であるといいます．高等学校では見聞きしなかった用法ですがここで覚えてください．

sinh はハイパボリック・サインとか双曲サインと読まれます．同様に cosh はハイパボリック・コサインとか双曲コサイン，tanh はハイパボリック・タンジェントとか双曲タンジェントと読まれています．sinh, cosh, tanh をそれぞれシンチ，コッシュ，タンチと読む人もいます．

双曲線函数の加法定理を紹介しましょう．

定理 0.9 双曲線函数の加法定理　$x, y \in \mathbb{R}$ に対し

$$\sinh(x \pm y) = \sinh x \cosh y \pm \cosh x \sinh y \quad \text{(複号同順)},$$
$$\cosh(x \pm y) = \cosh x \cosh y \pm \sinh x \sinh y \quad \text{(複号同順)}.$$

0.6　積分公式

高等学校で学んだ不定積分の公式を復習しておきましょう (C は積分定数です)．高等学校で学んだ導函数の公式を書き換えて得られるものも含めてあります．

- $\alpha \in \mathbb{R}$, ただし $\alpha \neq -1$ のとき $\displaystyle\int x^\alpha \, \mathrm{d}x = \frac{x^{\alpha+1}}{\alpha+1} + C.$
- $\displaystyle\int e^x \, \mathrm{d}x = e^x + C.$
- $a > 0, a \neq 1$ のとき $\displaystyle\int a^x \, \mathrm{d}x = \frac{a^x}{\log a} + C.$
- $\displaystyle\int \sin x \, \mathrm{d}x = -\cos x + C, \quad \int \cos x \, \mathrm{d}x = \sin x + C.$
- $\displaystyle\int \tan x \, \mathrm{d}x = -\log|\cos x| + C.$
- $\displaystyle\int \sec^2 x \, \mathrm{d}x = \tan x + C.$

いくつかの公式を追加しておきます (右辺を微分すれば確かめられます)．

$$\int \frac{1}{x^2 + a^2} \, \mathrm{d}x = \frac{1}{a} \tan^{-1} \frac{x}{a} + C, \quad a \neq 0. \tag{0.3}$$

$$\int \frac{1}{x^2 - a^2} \, \mathrm{d}x = -\frac{1}{a} \tanh^{-1} \frac{x}{a} + C, \quad a \neq 0. \tag{0.4}$$

$$\int \frac{1}{\sqrt{x^2 + A}} \, \mathrm{d}x = \log\left|x + \sqrt{x^2 + A}\right| + C, \quad A \neq 0. \tag{0.5}$$

$$\int \frac{1}{\sqrt{x^2 + a^2}} \, \mathrm{d}x = \sinh^{-1} \frac{x}{a} + C, \quad a \neq 0. \tag{0.6}$$

$$\int \frac{1}{\sqrt{x^2-a^2}}\,dx = \cosh^{-1}\frac{x}{a} + C, \quad a \neq 0. \tag{0.7}$$

$$\int \frac{1}{\sqrt{a^2-x^2}}\,dx = \sin^{-1}\frac{x}{a} + C, \quad a \neq 0. \tag{0.8}$$

0.7 広義積分

　函数 $f(x) = 1/\sqrt{1-x^2}$ は区間 $[0,1)$ で連続ですが $x=1$ で定義されていません．1 より小さな正の数 s については $0 \leqq x \leqq s$ で $f(x)$ は積分可能，すなわち $\int_0^s f(x)\,dx$ が存在します．そこで，この定積分において s を 1 に左から近づけてみると

$$\lim_{s \to 1-0} \int_0^s \frac{1}{\sqrt{1-x^2}}\,dx = \lim_{s \to 1-0} \left[\sin^{-1} x \right]_0^s = \frac{\pi}{2}$$

となります．このように半開区間 $[a,b)$ 上で連続ですが $x=b$ で連続でない函数 $f(x)$ に対し

$$\lim_{s \to b-0} \int_a^s f(x)\,dx$$

が存在するとき，この極限を $f(x)$ の $[a,b]$ 上の**広義積分**といい，その値を $\int_a^b f(x)\,dx$ で表します．

　同様に半開区間 $(a,b]$ 上で連続ですが $x=a$ で連続でない函数 $f(x)$ に対し

$$\lim_{s \to a+0} \int_s^b f(x)\,dx$$

が存在するとき，この極限値を $\int_a^b f(x)\,dx$ で表し $f(x)$ の $[a,b]$ 上の広義積分とよびます．また無限区間 $[a,+\infty)$ や $(-\infty,b]$, $(-\infty,+\infty)$ 上の連続函数 $f(x)$ についても同様に広義積分を定めます．たとえば $[a,+\infty)$ 上の連続函数 $f(x)$ に対し極限

$$\lim_{M \to \infty} \int_a^M f(x)\,dx$$

が存在するとき，

$$\int_a^{+\infty} f(x)\,dx = \lim_{M \to \infty} \int_a^M f(x)\,dx$$

と定め $f(x)$ の $[a, +\infty)$ 上の広義積分とよびます．たとえば
$$\int_1^{+\infty} \frac{1}{x^2}\,\mathrm{d}x = \lim_{M\to\infty}\int_1^M \frac{1}{x^2}\,\mathrm{d}x = \lim_{M\to\infty}\left[-\frac{1}{x}\right]_1^M = 1.$$
6.7 節や付録 A に登場するガンマ函数は $(-\infty, +\infty)$ 上の広義積分を使って定義されます．

注意 主値積分 $[a, b]$ 上の函数 $f(x)$ が $c \in (a, b)$ のみを除いて連続であるとする．このとき広義積分 $\int_a^b f(x)\,\mathrm{d}x$ は
$$\int_a^b f(x)\,\mathrm{d}x = \lim_{s\to c-0}\int_a^s f(x)\,\mathrm{d}x + \lim_{t\to c+0}\int_t^b f(x)\,\mathrm{d}x$$
で定義される．$s \to c-0$ と $t \to c+0$ は独立に極限をとることに注意．たとえば
$$\int_{-1}^1 \frac{1}{x}\,\mathrm{d}x = \lim_{s\to -0}\int_{-1}^s \frac{1}{x}\,\mathrm{d}x + \lim_{t\to +0}\int_t^1 \frac{1}{x}\,\mathrm{d}x$$
$$= \lim_{s\to -0}\Big[\log|x|\Big]_{-1}^s + \lim_{t\to +0}\Big[\log|x|\Big]_t^1$$
$$= \lim_{s\to -0}(\log|s| - \log|-1|) + \lim_{t\to +0}(\log 1 - \log|t|).$$
これは収束しない．特別な極限
$$\lim_{\varepsilon \to 0}\left(\int_a^{c-\varepsilon} f(x)\,\mathrm{d}x + \int_{c+\varepsilon}^b f(x)\,\mathrm{d}x\right)$$
が収束するとき，この極限値を $x = c$ における (コーシーの) **主値積分** という．$f(x) = 1/x$ の $x = 0$ における主値積分は
$$\lim_{\varepsilon\to 0}\left(\int_{-1}^{-\varepsilon} \frac{1}{x}\,\mathrm{d}x + \int_\varepsilon^1 \frac{1}{x}\,\mathrm{d}x\right) = \lim_{\varepsilon\to 0}(\log\varepsilon - \log|-1| + \log 1 - \log\varepsilon)) = 0.$$

0.8　行列の対角化

行列とその対角化について未習の読者のために第 7 章で用いる行列の対角化について要点をまとめておきます[6]．第 1 章から第 6 章まではこの内容は使いません．

6] より詳しいことを学びたい読者は線型代数の教科書 (たとえば同じシリーズの『線形代数』) を参照してください．この本では線形ではなく線型と書いています．

$$A = \begin{pmatrix} 1 & 2 \\ 3 & 4 \end{pmatrix} \begin{matrix} \leftarrow \text{第 1 行} \\ \leftarrow \text{第 2 行} \end{matrix}$$

$$\begin{matrix} \uparrow & \uparrow \\ \text{第} & \text{第} \\ 1 & 2 \\ \text{列} & \text{列} \end{matrix}$$

のように実数を正方形状に並べてかっこでくくった表のことを**行列** (matrix) とよびます．ヨコの並びを**行** (row) といいます．タテの並びを**列** (column) とよびます．この本では上の例のように行が 2 本，列が 2 本の行列 (2×2 行列，2 次行列) を扱います．このような行列の全体を $\mathrm{M}_2\mathbb{R}$ で表します．行列 $A \in \mathrm{M}_2\mathbb{R}$ の第 i 行と第 j 列の交わる箇所にある数を A の (i,j) **成分**とよびます．

定義 0.10 (x,y) を座標系にもつ平面を**数平面** (または xy **座標平面**) とよび $\mathbb{R}^2$ で表す．

$$\mathbb{R}^2 = \{\mathrm{P} = (x,y) \mid x,y \in \mathbb{R}\}.$$

点 P の位置ベクトル $\boldsymbol{p} = \overrightarrow{\mathrm{OP}} = (x,y)$ を 2 行 1 列の行列と考えて

$$\boldsymbol{p} = \begin{pmatrix} x \\ y \end{pmatrix}$$

と表します[7]．ただし今後はスペースの節約のため $\boldsymbol{p} = (x,y)$ のように書くことが多くなります．

行列 A とベクトル $\boldsymbol{p}$ の積を次のように定めます．

$$A\boldsymbol{p} = \begin{pmatrix} a & b \\ c & d \end{pmatrix} \begin{pmatrix} x \\ y \end{pmatrix} = \begin{pmatrix} ax + by \\ cx + dy \end{pmatrix}.$$

これをもとに行列どうしの積を次で定めます．$A = \begin{pmatrix} a & b \\ c & d \end{pmatrix}$, $B = \begin{pmatrix} x & u \\ y & v \end{pmatrix}$ に対し

$$AB = \begin{pmatrix} a & b \\ c & d \end{pmatrix} \begin{pmatrix} x & u \\ y & v \end{pmatrix} = \begin{pmatrix} ax + by & au + bv \\ cx + dy & cu + dv \end{pmatrix}.$$

---

[7] 高校生読者へ：高等学校ではベクトルを $\vec{p}$ のように表記しましたが大学では $\boldsymbol{p}$ と書いたり単に p と書いたりすることが多いのです．

図 0.6

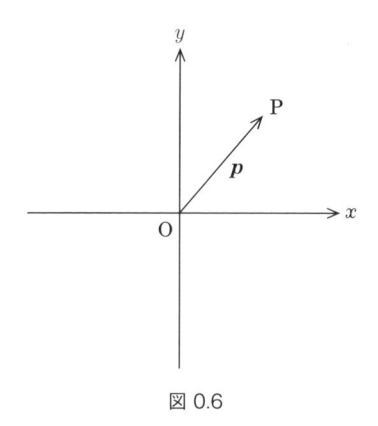

行列どうしの和と差は次で定めます．
$$A+B = \begin{pmatrix} a+x & b+u \\ c+y & d+v \end{pmatrix}, \quad A-B = \begin{pmatrix} a-x & b-u \\ c-y & d-v \end{pmatrix}.$$

$(1,2)$ 成分と $(2,1)$ 成分が 0 である行列
$$\begin{pmatrix} a & 0 \\ 0 & d \end{pmatrix}$$

を**対角行列**とよびます．スペースの節約のため $(1,1)$ 成分が α, $(2,2)$ 成分が β の対角行列を $\mathrm{diag}(\alpha, \beta)$ と略記します．とくに $\mathrm{diag}(0,0)$ と $\mathrm{diag}(1,1)$ をそれぞれ**零行列**, **単位行列**とよびます．
$$O = \begin{pmatrix} 0 & 0 \\ 0 & 0 \end{pmatrix}, \quad E = \begin{pmatrix} 1 & 0 \\ 0 & 1 \end{pmatrix}.$$

どの行列 $A \in \mathrm{M}_2 \mathbb{R}$ についても
$$A + O = O + A, \quad AE = EA = A$$

が成立します．

行列では積の順序を交換できないことに注意が必要です．たとえば $A = \begin{pmatrix} 1 & 2 \\ 3 & 4 \end{pmatrix}$ と $B = \begin{pmatrix} 5 & 6 \\ 7 & 8 \end{pmatrix}$ に対し

$$AB = \begin{pmatrix} 1 & 2 \\ 3 & 4 \end{pmatrix} \begin{pmatrix} 5 & 6 \\ 7 & 8 \end{pmatrix} = \begin{pmatrix} 19 & 22 \\ 43 & 50 \end{pmatrix}, \quad BA = \begin{pmatrix} 5 & 6 \\ 7 & 8 \end{pmatrix} \begin{pmatrix} 1 & 2 \\ 3 & 4 \end{pmatrix} = \begin{pmatrix} 23 & 34 \\ 31 & 46 \end{pmatrix}$$

なので $AB \neq BA$.

命題 0.11　二項定理　二つの行列 $A, B \in \mathrm{M}_2\mathbb{R}$ が**交換可能**, すなわち $AB = BA$ ならば, 負でない整数 n に対し $(A+B)^n = \sum\limits_{k=0}^{n} {}_n\mathrm{C}_k A^k B^{n-k}$ と計算できる.

A の逆数にあたる行列を定めます.

定義 0.12　$AX = XA = E$ を満たす行列 X が存在するとき X を A の**逆行列**とよび A^{-1} で表す.

命題 0.13　行列 $A = \begin{pmatrix} a & b \\ c & d \end{pmatrix}$ に対し $|A| = \det A = ad - bc$ を A の**行列式** (determinant) とよぶ. A が逆行列をもつ必要十分条件は $|A| \neq 0$. そのとき A^{-1} は

$$A^{-1} = \frac{1}{ad-bc} \begin{pmatrix} d & -b \\ -c & a \end{pmatrix}$$

で与えられる.

この命題をよく見ると次のことに気づきます.

系 0.14　ベクトル $\boldsymbol{a} = (a, c)$ とベクトル $\boldsymbol{b} = (b, d)$ に対し以下の条件は互いに同値.
- $\boldsymbol{a}$ と $\boldsymbol{b}$ は平行でない.
- $ad - bc \neq 0$.
- s と t に関する方程式 $s\boldsymbol{a} + t\boldsymbol{b} = \boldsymbol{0}$ の解は $s = t = 0$ のみ.

最後の条件を満たすとき $\boldsymbol{a}$ と $\boldsymbol{b}$ は**線型独立**または**1 次独立**であるといいます.

定義 0.15　$A \in \mathrm{M}_2\mathbb{R}$ に対し, $A\boldsymbol{p} = \lambda \boldsymbol{p}$ を満たす $\lambda \in \mathbb{R}$ と $\boldsymbol{0}$ でないベクトル $\boldsymbol{p} \in \mathbb{R}^2$ が存在するとき, λ を A の**固有値** (eigenvalue), $\boldsymbol{p}$ を固有値 λ に対応する**固有ベクトル**とよぶ.

固有値・固有ベクトルを求めるために単位行列 E を使って $A\boldsymbol{p} = \lambda\boldsymbol{p}$ を次のように書き換えます.

$$Ap = \lambda p = \lambda E p \iff (\lambda E - A)p = 0$$

ですから $(\lambda E - A)p = 0$ となる $p \neq 0$ を求めればよいのです．もし $(\lambda E - A)$ が逆行列をもてば

$$(\lambda E - A)^{-1}(\lambda E - A)p = (\lambda E - A)^{-1}0 = 0$$

より $p = 0$ となってしまいます．λ が A の固有値，x が対応する固有ベクトルであれば，$(\lambda E - A)$ は逆行列をもたないことがわかりました．したがって $\det(\lambda E - A) = 0$ となります．

定義 0.16 $A \in M_2\mathbb{R}$ に対し $\Phi_A(t) = \det(tE - A) = 0$ で定まる t についての2次方程式を A の**固有方程式**とよぶ．固有方程式の解を**特性根**とよぶ．

固有方程式の解は実数とは限らないのですから，

$$A \text{ の固有値} = A \text{ の特性根で実数であるもの}$$

という関係であることに注意しましょう．言い換えると，A の固有値とは A の固有方程式の実数解のことです[8]．

A の特性根がすべて実数で，2本の線型独立な固有ベクトル p_1, p_2 がとれるときこの2本のベクトルを並べて行列 P を $P = (p_1 \ p_2)$ と定めると

$$AP = A(p_1 \ p_2) = (Ap_1 \ Ap_2) = (\lambda_1 p_1 \ \lambda_2 p_2) = (p_1 \ p_2)\begin{pmatrix} \lambda_1 & 0 \\ 0 & \lambda_2 \end{pmatrix}$$

となるので

$$P^{-1}AP = \Lambda = \begin{pmatrix} \lambda_1 & 0 \\ 0 & \lambda_2 \end{pmatrix}$$

となります．A から対角行列 $\Lambda = \mathrm{diag}(\lambda_1, \lambda_2)$ を得る操作を A を**対角化する**といいます．

例題 0.17 $A = \begin{pmatrix} 2 & 1 \\ 3 & 4 \end{pmatrix}$ の固有値，固有ベクトルを求め対角化せよ．

---

[8] 固有方程式の解を固有値とよんでいる本も多いことを注意しておきます．その場合，実数解を実固有値，虚数解を複素固有値とよびます．

> **解**
$$\Phi_A(t) = \det(tE - A) = \begin{vmatrix} t-2 & -1 \\ -3 & t-4 \end{vmatrix} = (t-1)(t-5)$$

より固有値は $\lambda_1 = 1$ と $\lambda_2 = 5$. 固有ベクトルを求める.

- $A\boldsymbol{p}_1 = \lambda_1 \boldsymbol{p}_1 = \boldsymbol{p}_1$ となる $\boldsymbol{p}_1$ を求める. $\boldsymbol{p}_1 = (x,y)$ とおく. 固有ベクトルを定める方程式 $(tE - A)\boldsymbol{p}_1 = \boldsymbol{0}$, すなわち

$$\begin{pmatrix} t-2 & -1 \\ -3 & t-4 \end{pmatrix} \begin{pmatrix} x \\ y \end{pmatrix} = \begin{pmatrix} 0 \\ 0 \end{pmatrix}$$

に $t = 1$ を代入すると

$$\begin{pmatrix} -1 & -1 \\ -3 & -3 \end{pmatrix} \begin{pmatrix} x \\ y \end{pmatrix} = \begin{pmatrix} 0 \\ 0 \end{pmatrix}$$

であるから $y = -x$ を得る. したがって $\boldsymbol{p}_1 = (x,y) = (x,-x)$ なので, たとえば $\boldsymbol{p}_1 = (1,-1)$ を選ぶ.

- 同様に $(tE - A)\boldsymbol{p}_2 = \boldsymbol{0}$ に $t = 5$ を代入すると

$$\begin{pmatrix} 3 & -1 \\ -3 & 1 \end{pmatrix} \begin{pmatrix} x \\ y \end{pmatrix} = \begin{pmatrix} 0 \\ 0 \end{pmatrix}$$

であるから $y = 3x$ を得る. したがって $\boldsymbol{p}_2 = (x,y) = (x,3x)$ なので, たとえば $\boldsymbol{p}_2 = (1,3)$ を選ぶ.

したがって

$$P = (\boldsymbol{p}_1\ \boldsymbol{p}_2) = \begin{pmatrix} 1 & 1 \\ -1 & 3 \end{pmatrix}, \quad P^{-1} = \frac{1}{4}\begin{pmatrix} 3 & -1 \\ 1 & 1 \end{pmatrix}$$

であるから

$$P^{-1}AP = \frac{1}{4}\begin{pmatrix} 3 & -1 \\ 1 & 1 \end{pmatrix}\begin{pmatrix} 2 & 1 \\ 3 & 4 \end{pmatrix}\begin{pmatrix} 1 & 1 \\ -1 & 3 \end{pmatrix} = \begin{pmatrix} 1 & 0 \\ 0 & 5 \end{pmatrix}. \qquad \square$$

この例題の行列 A は相異なる二つの固有値をもっています.

命題 0.18 $A \in \mathrm{M}_2\mathbb{R}$ が相異なる固有値 λ_1 と λ_2 をもつとする. このとき λ_1 に対応する固有ベクトル $\boldsymbol{v}_1$ と, λ_2 に対応する固有ベクトル $\boldsymbol{v}_2$ は線型独立である.

証明 方程式 $s\boldsymbol{v}_1 + t\boldsymbol{v}_2 = \boldsymbol{0}$ の解が $s = t = 0$ に限ることを証明する. $s\boldsymbol{v}_1 + t\boldsymbol{v}_2 = \boldsymbol{0}$ の両辺に $\lambda_1 \neq 0$ を掛けて $s\lambda_1\boldsymbol{v}_1 + t\lambda_1\boldsymbol{v}_2 = \boldsymbol{0}$ を得る. 一方 A を左から掛けると

$$\mathbf{0} = A(s\boldsymbol{v}_1 + t\boldsymbol{v}_2) = sA\boldsymbol{v}_1 + tA\boldsymbol{v}_2 = s\lambda_1\boldsymbol{v}_1 + t\lambda_2\boldsymbol{v}_2$$

が得られる．$s\lambda_1\boldsymbol{v}_1 + t\lambda_2\boldsymbol{v}_2 = \mathbf{0}$ から $s\lambda_1\boldsymbol{v}_1 + t\lambda_1\boldsymbol{v}_2 = \mathbf{0}$ を引くと $t(\lambda_1 - \lambda_2)\boldsymbol{v}_2 = \mathbf{0}$ となり $t = 0$．したがって $s = 0$． ■

行列 $A = \begin{pmatrix} a & b \\ c & d \end{pmatrix}$ を用いて数平面の点 P を別の点に移す操作を定めることができます．点 $P = (x, y)$ に対し $\widetilde{P} = (\tilde{x}, \tilde{y}) = (ax + by, cx + dy)$ を対応させる規則 $P \longmapsto \widetilde{P}$ を行列 A の定める **1 次変換** とよびます．点 P と点 $\widetilde{P}$ の位置ベクトルをそれぞれ $\boldsymbol{p} = \overrightarrow{OP}, \widetilde{\boldsymbol{p}} = \overrightarrow{OP}$ とすると $\widetilde{\boldsymbol{p}} = A\boldsymbol{p}$ と表せることに注意してください．1 次変換を「位置ベクトルを別の位置ベクトルに移す操作 (変換)」と考えて $\boldsymbol{p} \longmapsto A\boldsymbol{p}$ のように表すこともあります (たとえば例 7.19)．

第1章
プロローグ：微分方程式とは

[目標] 1階常微分方程式とは何か理解する．

1.1 微分積分を使ってみよう

微分積分学では函数の変化を調べること (微分学) や面積や体積の算出 (積分学) を学んできた．

この本では自然科学・理工学・農学・人文科学など幅広い分野に登場する微分方程式について学ぶ．まずは微分積分が，数学以外の場面にどのように登場するかを紹介しよう．物理学 (力学) における例を紹介する．

直線上の運動

質量 m の物体が一直線上を運動している．この直線に沿って x 軸を引く．物体の位置 x は時刻 t の函数と考えられるので $x = x(t)$ と表そう．

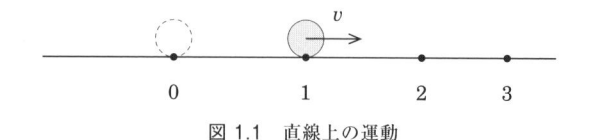

図 1.1 直線上の運動

時刻が $t = a$ から $t = a + h$ に変化したとき，その間の平均の速さは
$$\frac{x(a+h) - x(a)}{h}$$

で与えられる．この時間間隔 h をどんどん小さくしてみよう．つまり h を限りなく 0 に近づける．極限値
$$v(a) = \lim_{h \to 0} \frac{x(a+h) - x(a)}{h} = \frac{\mathrm{d}x}{\mathrm{d}t}(a)$$
をこの運動の $t = a$ における**瞬間の速さ**とか**速度**とよぶ．速度 $v(a)$ は位置 $x(t)$ の $t = a$ における微分係数であることに注意しよう．

$x(t)$ の導函数 $v(t)$ は力学における習慣で $\dot{x}(t)$ と表記する．運動の様子を詳しく調べるためには速度 $v(t)$ の変化を考える必要もある．$v(t)$ の導函数を $\dot{v}(t)$ で表し，この運動の**加速度**とよぶ．加速度は $a(t)$ とか $\alpha(t)$ と書いたり $\ddot{x}(t)$ とも表記する．

この物体に働く力を f とする．f は x の函数である．ニュートン (I. Newton, 1642–1727) の運動の法則は f と $\ddot{x}$ が**運動方程式**とよばれる方程式
$$m\ddot{x}(t) = f(x(t))$$
に従うと述べる．運動はこの方程式を解くことで解析できる．$t = 0$ における位置を $x(0) = x_0$, 速度を $v(0) = v_0$ とする．簡単な場合を考えておこう．

- 力が働かないとき

  このとき $f = 0$ であるから $\ddot{x}(t) = 0$. いいかえると速度 $v(t) = \dot{x}(t)$ が $\dot{v}(t) = 0$ を満たすということだから，$v(t)$ は一定である．この運動は**等速運動**であると言い表す．$\dot{x}(t) = v(t) = v_0$ であるから両辺を t で積分して
  $$x(t) = \int v_0 \, \mathrm{d}t = v_0 t + C.$$
  $x(0) = x_0$ より $C = x_0$ なので $x(t) = v_0 t + x_0$ が得られた．

- 力が一定のとき

  $f(x) = f_0$ (定数) ということだから，運動方程式より加速度 $\alpha(t) = \ddot{x}(t)$ は $\alpha(t) = f_0/m$ となる．この運動は**等加速度運動**であると言い表す．このとき速度は，$\dot{v}(t) = \alpha(t)$ の両辺を t で積分して
  $$v(t) = \int \alpha(t) \, \mathrm{d}t = \alpha t + 定数.$$
  $v(0) = v_0$ より $v(t) = \alpha t + v_0$. したがって

$$x(t) = \int \alpha t + v_0 \, dt = \frac{1}{2}\alpha t^2 + v_0 t + 定数.$$

$x(0) = x_0$ より

$$x(t) = \frac{1}{2}\alpha t^2 + v_0 t + x_0.$$

ごく簡単な例しかとりあげていないが，微分積分学を使って運動を調べることができることをつかんでもらえただろうか[1]．高等学校で物理を履修した読者は直線上の等速運動における位置を表す式 $x(t) = x_0 + v_0 t$ や直線上の等加速度運動における位置を表す式 $x(t) = x_0 + v_0 t + \alpha t^2/2$ が積分によって導かれたことに着目してほしい．ここでとりあげた運動方程式は，この本のテーマである**常微分方程式**の例である．

1.2　常微分方程式の実例

生物学の話題から説明を始めよう．

ある限られた領域内で生息している一つの種の集まりを**個体群**という．個体群のなかでの個体数の変化を考えたい．全個体数だけではなく，単位面積や単位体積あたりの平均個体数 (個体数密度) も扱うことがあるため，個体数といっても自然数値 (分離量) とは限らず実数値 (連続量) になることに注意しよう．基準となる時刻を $t = 0$ とし，その時点での個体数を $N(0) = N_0$ とする．簡単のため外部との個体の出入りはないものとする (**単純増殖**という)．

時間間隔を τ で表し $t_n = n\tau$ としよう．たとえば $\tau = 1$ 年のとき $t_1 = 1$ 年後，$t_2 = 2$ 年後である．t_n における個体数を $N(n)$ と表そう．t_n から t_{n+1} と時間が経過したときの個体数の変化は

$$\Delta N(n, \tau) := N(n+1) - N(n)$$

である．この期間における出生数を $\Delta_b N(n, \tau)$, 死亡数を $\Delta_d N(n, \tau)$ で表すと

$$\Delta N(n, \tau) = \Delta_b N(n, \tau) - \Delta_d N(n, \tau)$$

となる．

---

[1]　実はニュートンは運動を調べるために微分積分学を考案したのである．

$$R_b(n,\tau) = \frac{\Delta_b N(n,\tau)}{N(n)}, \quad R_d(n,\tau) = \frac{\Delta_d N(n,\tau)}{N(n)}$$

とおきそれぞれ t_n から t_{n+1} へと時間が経過したときの出生率, 死亡率とよぶ. さらに $R(n,\tau) = R_b(n,\tau) - R_d(n,\tau)$ を**増殖率**とよぶ. すると $N(n)$ は方程式 (**差分方程式**という)

$$N(n+1) - N(n) = R(n,\tau)N(n) \tag{1.1}$$

を満たすことがわかる. 簡単なケースとして, 環境が定常に保たれており $R(n,\tau)$ が変化しない場合を考える. $R(n,\tau)$ は定数である. $N_n = N(n)$, $R(n,\tau) =$ 定数 r とおくと差分方程式は $N_{n+1} = (1+r)N_n$ と書き直される. これは $\{N_n\}$ が N_0 を初項とし公比が $(1+r)$ の等比数列であることを意味しているから $N_n = N_0(1+r)^n$ を得る (離散的単一種モデルとよばれる).

高等学校で習った数列の考えが活用されていることに注意を払ってほしい.「生物学に数学なんて関係がないよ」と思っていたかも知れないが, 数学的な考察は生物学に限らずさまざまな分野で必要になることがある. 統計学はもちろんのこと微分積分を活用することもある.

単純増殖の考察を続けよう.

例 1.1 **指数函数的増殖** 繁殖期に幅があり個体群がいろいろな年齢の個体あるいは何世代かにわたる個体によって構成される場合は平均的な量の変化を記述するために連続時間を用いることが考えられる. つまり時刻 t はとびとびの値 $(t_1, t_2, \cdots)$ ではなく連続の値 (実数値) をとる.

時間間隔を $\tau = \Delta t$ としよう. 時刻 t から $t + \Delta t$ へと時間が経過した間の出生数を $\Delta_b N(t, \Delta t)$, 死亡数を $\Delta_d N(t, \Delta t)$ で表し, 出生率 $R_b(t, \Delta t)$, 死亡率 $R_b(t, \Delta t)$ を

$$R_b(t, \Delta t) = \frac{\Delta_b N(n, \Delta t)}{N(t)}, \quad R_d(t, \Delta t) = \frac{\Delta_d N(n, \Delta t)}{N(t)}$$

で定めよう. $R(t, \Delta t) = R_b(t, \Delta t) - R_d(t, \Delta t)$ とおく (増殖率). ここで

$$r_b(t) = \lim_{\Delta t \to 0} \frac{R_b(t, \Delta t)}{\Delta t}, \quad r_d(t) = \lim_{\Delta t \to 0} \frac{R_d(t, \Delta t)}{\Delta t}$$

を考え, 時刻 t における瞬間出生率, 瞬間死亡率とよぶ.

$$r(t) = r_b(t) - r_d(t) = \lim_{\Delta t \to 0} \frac{R(t, \Delta t)}{\Delta t}$$

を瞬間増殖率とよぶ．差分方程式 (1.1) に相当する式は

$$N(t + \Delta t) - N(t) = R(t, \Delta t) N(t)$$

である．この両辺を Δt で割り $\Delta t \to 0$ の極限を考えると

$$\lim_{\Delta t \to 0} \frac{N(t + \Delta t) - N(t)}{\Delta t} = \lim_{\Delta t \to 0} \frac{R(t, \Delta t)}{\Delta t} N(t).$$

すなわち $N(t)$ と $N(t)$ の導函数に関する (単純増殖の) 方程式

$$\frac{dN}{dt}(t) = r(t) N(t)$$

が導かれた．$r(t)$ が一定値 r の場合の方程式

$$\frac{dN}{dt}(t) = r N(t) \tag{1.2}$$

に従う増殖はのちに (例題 2.3 で) 説明するように $N(t) = N_0 e^{rt}$ で与えられる (N_0 は $t = 0$ における個体数)．この増殖を**指数函数的増殖**という．

次は経済学から．

例 1.2 マルサスの人口論　イギリスの経済学者マルサス (T. Malthus, 1766–1834) は著書『人口論』(1798) において人口増加は等比級数的に進むが，食料は等差級数的にしか増産できないために貧困と罪悪が必然的に発生すると考え人口抑制を論じた．マルサスの考えた人口増加の過程を数学的に表現してみよう．時刻 t におけるある国の総人口 $N(t)$ に対し，時間経過 $t \mapsto t + \Delta t$ における出生数と死亡数は $N(t)$ と Δt の双方に比例するという仮説を用いた．したがって $N(t + \Delta t) - N(t) = r N(t) \Delta t$ が成立すると考える (r は比例定数でマルサス係数とよばれる)．すると単純増殖における指数函数的増殖と同じ形の方程式 (1.2) が導かれる．

物理学から例を二つ挙げよう．

例 1.3 放射性物質　ノーベル化学賞を受賞したイギリスの実験物理学者ラザ

フォード (E. Rutherford, 1871–1937) は放射性物質のいくつかについて崩壊のしかたを説明する単純なモデルを提唱した. ある放射性物質の時刻 t における原子の個数 $N(t)$ は

$$\frac{dN}{dt}(t) = -\lambda N(t)$$

に従うと考えた. $\lambda > 0$ は定数である (崩壊定数とよばれる). この方程式は (1.2) において $r = -\lambda$ としたものである.

例 1.4 冷却の法則　ニュートンの冷却の法則は次のように述べられる.「熱された物体とその周囲との温度差 θ は温度差に比例する速度で減少する」. 温度差を時刻 t の函数 $\theta(t)$ と捉えると $\theta(t)$ は

$$\frac{d\theta}{dt}(t) = -k\theta(t)$$

に従う ($k > 0$ は定数). この方程式は (1.2) において $N(t)$ を $\theta(t)$ と書き換え $r = -k$ としたもの.

化学からも例を出そう.

例 1.5 一次反応　1 種類の原料から生成物が得られる状況を考える. たとえば五酸化窒素蒸気の熱分解反応を考える[2].

$$2N_2O_5(g) \to 4NO_2(g) + O_2(g)$$

このような化学反応においては, 時刻 t における物質の濃度 $[A] = [A](t)$ は

$$\frac{d[A]}{dt} = -k[A]$$

に従う. ここで $k > 0$ は定数で**反応速度定数**とよばれる. この方程式に従う化学反応を**一次反応**という. 酢酸メチルの加水分解

$$CH_3COOCH_3 + H_2O \to CH_3COOH + CH_3OH$$

において H_2O は充分あり速度式には影響を与えないので酢酸メチルのみが変

2] g は気体を表す.

数となる一次反応と考えてよい．このような化学反応は擬一次反応とよばれる．
ショ糖の加水分解

$$C_{12}H_{22}O_{11} + H_2O \rightarrow C_6H_{12}O_6 + C_6H_{12}O_6$$

も擬一次反応の例である (水素イオンが触媒)．

ここまでにとりあげた例はどれも

$$\frac{dN}{dt}(t) = rN(t)$$

という形の方程式で表現されていた．それぞれの例は生物学，人口問題，物理学，化学と異なるがどれも**共通な方程式で表現**されていた．ここに**数学を学ぶ意義**が現れている．さまざまな分野に登場する規則性や法則を表現するときには数学を用いること，とくに**方程式による表現**が有効であること，そして考察対象となる問題を解決するためには**方程式を解く**ことが求められる．方程式を解く上ではもともとの問題の出所や経緯を忘れてしまって数学の問題として考えていけばよい(あとで解の吟味をすることになるが)．

ここで取り上げた例のように導函数を含む方程式を扱うことが多い．導函数を含む方程式を**微分方程式**とよぶ．微分方程式の解法や性質について学ぶことは数学の学習上で重要なことはもちろん，種々の分野を学ぶ上でも大切であることを理解してもらいたい．

1.3 基本用語

本論に入る前にいくつかの基本となる用語を説明しておこう．何回か微分可能な函数 $y = f(x)$ を考える．x を**独立変数**，y を**従属変数**という．たとえば y とその導函数 $y' = dy/dx$ に関する方程式 $y' = y$ を考える．この方程式は y の 1 階導函数を含む方程式なので 1 階常微分方程式であると言い表す．より一般に x, y と y' に関する等式 $F(x, y, y') = 0$ を **1 階常微分方程式**という．$x, y, y', \cdots, y^{(n)}$ に関する等式 $F(x, y, y', \cdots, y^{(n)}) = 0$ は n 階常微分方程式とよばれる．また n をこの常微分方程式の**階数**とよぶ．

この本では独立変数を x, 従属変数を y で表すが，実例を紹介するときは異な

る文字を使うことがある．たとえば時刻を独立変数とするときは t を用いる．

問題 1.6 次で与えた x の函数 y から定数 C を消去し y についての微分方程式をつくれ．
(1) $y = x^2 + C$．
(2) $y = C(x-1)$．
(3) $y = \sqrt{C^2 - x^2}$．

方程式とよぶからには「解」とよばれる対象があるはず．常微分方程式 $F(x, y, y', \cdots, y^{(n)}) = 0$ を満たす函数 $y = f(x)$ をこの常微分方程式の**解**とよぶ．たとえば

$$y' = y \tag{1.3}$$

の解は $y = Ae^x$ で与えられる (例題 2.3 で説明する)．ここで A は実数 (定数) でありその値は何でもよい．実際，A の値が何であっても $y' = Ae^x = y$ であるから確かに解である．この定数 A を**任意定数**という．一般に n 階の常微分方程式は (多くても) n 個の任意定数を含む．最大個数の任意定数を含む解をその常微分方程式の**一般解**という．一般解に含まれる一つの解を**特殊解**とか**特解**という．

常微分方程式 (1.3) の一般解は $y = Ae^x$ (ただし A は任意の実数) で与えられるのだが，いちいち "ただし A は任意の実数" と断ると面倒なので今後は

<u>(1.3) の一般解は $y = Ae^x (A \in \mathbb{R})$ で与えられる</u>

のように "$A \in \mathbb{R}$" という表記を行うので慣れてほしい．

無数にある一般解の中から一つの解を特定するためには任意定数を指定しなければならない．たとえば (1.3) については「$x = 0$ のとき $y = 1$ をとる」という条件を要請すると

$$1 = y(0) = Ae^0 = A$$

より $y = e^x$ が選ばれる．ここで要請した条件を**初期条件**とよぶ．初期条件を指定して得られる解はもちろん特殊解である．

例 1.7　特異解　常微分方程式

$$\frac{\mathrm{d}y}{\mathrm{d}x} = 3y^{2/3}$$

の一般解は $y = (x+C)^3$ で与えられる (例 2.16 で示す)．一方，$y = 0$ も解であるが，一般解において任意定数 C をどう選んでも $y = 0$ は得られない．このような解を**特異解**とよぶ．

COLUMN　　　発見的考察

高等学校で $e = \lim_{n \to \infty} \left(1 + \frac{1}{n}\right)^n$ で e が定義されると習ったことと思う．一方，大学で $y = e^x$ のテイラー展開を習うと $e = \sum_{n=0}^{\infty} \frac{1}{n!}$ となることを知る (未習の読者は例 6.6 参照)．e がこのように異なる二つの表し方をもつことを学んでも両者が一致することを実感できるだろうか．マルクシェヴィッチの本から「発見的考察」を紹介しよう[3]．まず $\left(1 + \frac{1}{n}\right)^n$ を二項展開する．

$$\left(1 + \frac{1}{n}\right)^n = 1 + \frac{n}{1}\frac{1}{n} + \frac{n(n-1)}{1 \times 2}\left(\frac{1}{n}\right)^2 + \frac{n(n-1)(n-2)}{1 \times 2 \times 3}\left(\frac{1}{n}\right)^3 + \cdots$$

$$= 1 + 1 + \frac{1\left(1 - \frac{1}{n}\right)}{2 \times 1} + \frac{1\left(1 - \frac{1}{n}\right)\left(1 - \frac{2}{n}\right)}{3 \times 2 \times 1} + \cdots$$

ここで $n \to \infty$ とすると

$$\lim_{n \to \infty}\left(1 + \frac{1}{n}\right)^n = 1 + 1 + \frac{1}{2} + \frac{1}{3!} + \cdots = \sum_{n=0}^{\infty}\frac{1}{n!}.$$

なにか新しい規則性や公式を見つけるときには厳密さは後回しにして「発見的考察」を行うことがとても有効である．

---

[3]　A. I. Markushevich『面積と対数』，宮本敏雄，北原泰彦訳，東京図書 (1961).

第2章

変数分離形

[目標] 変数分離形の常微分方程式 $y' = X(x)Y(y)$ の解法を身につける.

第1章で紹介した常微分方程式の例はどれも変数分離形とよばれる種類のものである. この章では変数分離形の解法と応用について説明する.

2.1 変数分離形の例

例 1.1 で考察した単純増殖 (指数函数的増殖) を見直す例を二つ挙げる.

例 2.1 有性生殖の例　雌雄の別を考慮して単純増殖の微分方程式を修正してみる. 簡単のため, 新生児も含めて雌雄個体の比が一定の場合を考える. 雌の個体数を N_f, 雄の個体数を N_m とし総個体数 $N = N_f + N_m$ を $N_f = \nu N, N_m = (1-\nu)N$ と表す. Δt あたりの交配回数は出会いの数で決まる (つまり雌雄の数の積 $N_f N_m$ に比例する) と考えられるので $aN_f N_m \Delta t = a\nu(1-\nu)N^2 \Delta t$ で与えられると仮定する. 一回の交配あたり雌が産む子の数の平均を m とし

$$\frac{R_b(t, \Delta t)}{\Delta t} = am\nu(1-\nu)N(t)$$

と修正すると瞬間出生率は $r_b = am\nu(1-\nu)N(t)$. ここで $B = am\nu(1-\nu)$ とおく. 瞬間死亡率 r_d は雌雄で同じとすると

$$\frac{dN}{dt}(t) = (BN(t) - r_d)N(t) \tag{2.1}$$

が導ける.

例 2.2 ロジスティック方程式　単純増殖や前の例では環境条件が定常に保たれていたが，生物の自己増殖過程で個体が増えると環境の変化が起こり増殖率が低下することが起こる．フェルフルスト (P. P. F. Verhulst, 1804–1849) は増殖率低下を考慮して指数函数的増殖の微分方程式 (1.2) の増殖率を

$$r(t) = \varepsilon - \lambda N(t)$$

と修正した．定数 ε, λ はそれぞれ内的自然増殖率，種内競争係数とよばれるようになった．$K = \varepsilon/\lambda$ とおき (1.2) を

$$\frac{\mathrm{d}N}{\mathrm{d}t}(t) = (\varepsilon - \lambda N(t))N(t) = \varepsilon\left(1 - \frac{N(t)}{K}\right)N(t) \tag{2.2}$$

と修正する．この常微分方程式は**ロジスティック方程式**とよばれるようになった．

指数函数的増殖の方程式 (1.2)，有性生殖の方程式 (2.1) とロジスティック方程式に共通する点を探してみよう．どれも

$$\frac{\mathrm{d}N}{\mathrm{d}t}(t) = X(t)Y(N)$$

という形をしていることに気づく．ここで $X(t)$ は t だけの函数，$Y(N)$ は N だけの函数である．実際，(1.2) では $X(t) =$ 定数 $r, Y(N) = N$，(2.1) では $X(t) = 1, Y(N) = (BN - r_d)N$，ロジスティック方程式 (2.2) では $X(t) = 1, Y(N) = (\varepsilon - \lambda N)N$ である．

この点に着目し変数分離形とよばれる常微分方程式の解を求める方法を次の節で説明する．

2.2　変数分離形とは

前の節でとりあげた例はどれも

$$\frac{\mathrm{d}N}{\mathrm{d}t}(t) = X(t)Y(N)$$

という形をしていた．実例では時刻を独立変数とするものを扱っていたので独立変数を t としていたが，解法の説明では微分積分学で馴染んできたように独立変数を x とし x の函数 $y = y(x)$ についての常微分方程式で説明を行う．実例に戻

るときはまた独立変数が t になりややこしいかもしれないがそこはご容赦を.
あらためて変数分離形とは何かを定めよう.

$$\frac{\mathrm{d}y}{\mathrm{d}x} = X(x)Y(y) \tag{2.3}$$

右辺の $X(x)$ は x だけの函数, $Y(y)$ は y だけの函数である. 右辺が x だけの函数と y だけの函数の積に分解されているため, この常微分方程式は**変数分離形**とよばれている.

まず $Y(y) \neq 0$ である場合を考えよう. (2.3) を

$$\frac{1}{Y(y)}\frac{\mathrm{d}y}{\mathrm{d}x} = X(x)$$

と書き換え両辺を x で積分する.

$$\int \frac{1}{Y(y)}\frac{\mathrm{d}y}{\mathrm{d}x}\,\mathrm{d}x = \int \frac{1}{Y(y)}\,\mathrm{d}y = \int X(x)\,\mathrm{d}x + C.$$

両辺の不定積分が実行できれば解 y を x の式で書くことができる[1]. 実行できなくてもここまで計算できていれば数値計算を行ったりすることで解の性質を調べられる.

ところで $Y(y) = 0$ となることがあるときはどうなるだろうか. たとえば $Y(y_0) = 0$ を満たす y_0 があるならば $y = y_0$ (定数) も解になっている. 実際 $y' = (y_0)' = 0$ と $Y(y_0) = 0$ なので確かに (2.3) を満たしている.

例題 2.3 r を定数とする. $y' = ry$ を解け.

解 まず $y = 0$ は解であることに注意しよう. $y \neq 0$ として

$$\frac{1}{y}\frac{\mathrm{d}y}{\mathrm{d}x} = r$$

より両辺を x で積分すると

$$\int \frac{1}{y}\frac{\mathrm{d}y}{\mathrm{d}x}\,\mathrm{d}x = \int r\,\mathrm{d}x$$

$$\int \frac{\mathrm{d}y}{y} = rx + C$$

---

[1] この計算手法はライプニッツ (G. W. Leibniz, 1646–1716) によって発見されたと言われている (1691). あとで説明する同次形の解法もライプニッツによる.

$$\log|y| = rx + C$$

と計算される．C は積分定数．これを $y = \pm e^C e^{rx}$ と書き直そう．ここで $A = \pm e^C$ とおくと A は 0 でない任意の実数をとることができる．したがって $y = Ae^{rx}$（ただし $A \in \mathbb{R}^\times$）を得る．ところで $y = 0$ は $A = 0$ と選んだものだから両者をまとめて

$$y = Ae^{rx}, \quad A \in \mathbb{R}$$

と表すことができる．これが今考察している常微分方程式の一般解である．$r = 1$ のとき (1.3) で扱った常微分方程式であることを注意しておく． □

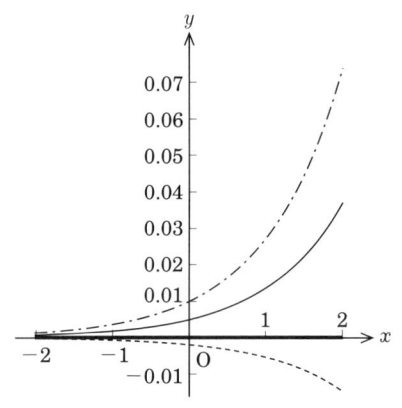

図 2.1 $y = Ae^x$ の A の値をいろいろ変えてみたときのグラフ．—·— $A = 1/100$，――― $A = 1/200$，━━━ $A = 0$，---- $A = -1/500$ の場合．

注意 **ときどきゼロ** この例において $y = 0$ はつねに 0 という値をとる函数（y は恒等的に 0 であると言い表す）のことを意味している．したがって $y \neq 0$ という仮定は「y は恒等的に 0 という函数ではない」ということである．では y がときどき 0 という値をとる場合が議論されていないのでは？ このような質問をたびたび受ける．実は，この微分方程式は「恒等的に 0 でないがところどころで 0 という値をとる」という解をもたない．実際 $z = z(x)$ をこの常微分方程式の任意の解としよう．このとき

$$\frac{\mathrm{d}}{\mathrm{d}x}\left(z(x)e^{-rx}\right) = e^{-rx}(z' - rz) = 0$$

であるから $z(x)e^{-rx} =$ 定数 A が得られた．ということは $z(x) = Ae^{rx}$．つまりこの常微分方程式の解は一般解 $y = Ae^{rx} (A \in \mathbb{R})$ で尽きている．

例題 2.3 において独立変数を x から t へ変更し，従属変数を y から N にとりかえると指数函数的増殖の方程式 (1.2) になることに注意しよう．例 1.1 においては $N(0) = N_0$ であったから (1.2) の $N(0) = N_0$ を満たす解は $N(t) = N_0 e^{rt}$ で与えられることがわかった．この結果を用いて前節で紹介した例を再考してみる．

例 2.4 マルサスの人口論　例 1.2 における総人口は $N(t) = N_0 e^{rt}$ で与えられることがわかった．たとえば $t = 0$ を 1790 年とし，時間間隔を 10 年とする．つまり $t = 1$ は 1800 年を表す．このときアメリカ合衆国の人口は約 3.9×10^6 人．1800 年には 5.3×10^6 人．$N_0 = 3.9 \times 10^6$, $N(1) = 5.3 \times 10^6$ として $N(t) = N_0 e^{rt}$ に当てはめると $r = \log(5.3/3.9) = 0.307$．この式と実際の統計を見比べると 1850 年では誤差は 10% 程度であるが，1870 年になると 30% となってしまい現実の人口予測にはあてはまらなくなった．食料不足，人口過剰によるエネルギー問題などさまざまな抑止力が働いたためである．そして，フェルフルストによるロジスティック方程式の提起 (例 2.2) へとつながる．

例 2.5 放射性物質　崩壊定数 λ の放射性物質において $N(t) = N_0 e^{-\lambda t}$ が得られた．λ が事前にわからない場合は半減期とよばれる量を測定し，それを用いて λ を推定する．$N = N_0/2$ になる時刻は $\log 2/\lambda$ と求められる．$t = 0$ からこの時刻までの時間を**半減期**とよぶ．たとえば炭素 14 では半減期は 5568 年と求められているので崩壊定数は $\lambda = \log 2/5568$ (年$^{-1}$) $= 1.245 \times 10^{-4}$ (年$^{-1}$) と推定される．この数値を用いて考古学などでは炭素測定とよばれる年代測定を行っている．

ロジスティック方程式 (2.2) を解いてみよう．式が煩雑になるので $N(t)$ を N と略記する．

$$\frac{1}{N}\frac{1}{N-K}\frac{dN}{dt} = -\frac{\varepsilon}{K}$$

$$\int \left(\frac{1}{N-K} - \frac{1}{N}\right)\frac{dN}{dt}\,dt = \int -\varepsilon\,dt = -\varepsilon t + C.$$

ゆえに
$$\log\left|\frac{N-K}{N}\right| = -\varepsilon t + C, \quad C \in \mathbb{R}.$$
両辺で $t=0$ とすると $N(0) = N_0$ より
$$\log\left|\frac{N_0-K}{N_0}\right| = C, \quad \text{すなわち} \quad \frac{N_0-K}{N_0} = \pm e^C$$
を得るから
$$\frac{N-K}{N} = \pm e^C e^{-\varepsilon t} = \frac{N_0-K}{N_0} e^{-\varepsilon t}.$$
これを $N = N(t)$ について解けば
$$N(t) = \frac{N_0 K}{N_0 - (N_0-K)e^{-\varepsilon t}}$$
が得られた．$\lim_{t \to \infty} N(t) = K$ を確かめてほしい．K は環境収容力とか環境容量とよばれている．$N(t)$ が個体数密度のとき，K は飽和密度とよばれている．$N_0 > K$ のときは N は単調減少で K に近づき $N_0 < K$ のときは増加しながら K に近づく．とくに $N_0 < K/2$ のときは $N(t)$ のグラフは S 字形の曲線を描く．培養器で酵母を成長させたり，実験室内でゾウリムシを成長させるという実験ではロジスティック方程式によく従うそうである (図 2.2)．

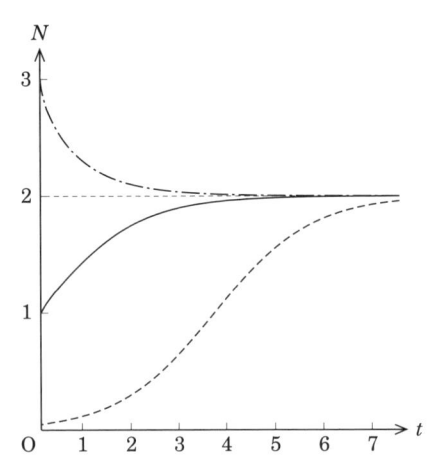

図 2.2　$K = 2, \varepsilon = 1$ のときの $N(t)$ のグラフ．上から順に —·— $N_0 = 3$,　——— $N_0 = 1$,　---- $N_0 = 1/20$ の場合．

フェルフルストはこの S 字形曲線を人口問題の成長曲線として提案し logistique と名付けた.

[ロジスティック曲線]　フェルフルストとは独立にアメリカの生物統計学者パール (R. Pearl, 1879–1940) は数学者リード (L. J. Reed, 1886–1966) とロジスティック曲線を導いた (ショウジョウバエの飼育実験をもとにした). そのため λ はフェルフルスト–パール係数ともよばれている. またローバートソン (T. B. Robertson, 1908) も独立に自己触媒曲線 (autocatalytic curve) という名前でロジスティック曲線を考案していた.

2.3　変数分離形の微分方程式を解く

　変数分離形の常微分方程式を実際に解いてみよう. この節で紹介する例題は常微分方程式の解法を身につける上で基本となるものなので, 何度か練習し, 問題も解いてもらいたい. 次の章以降でも変数分離形の解法は, 繰り返し登場するのでしっかり練習してほしい. また前の節で紹介した実例を, 微分方程式を解いた上で再検討 (分析・解釈) する. 再検討の仕方も学んでほしい. 理工系や人文科学分野では微分方程式を用いて「数学的モデル」を作り, そのモデルにより分析や予測を行う. 将来の研究に向けての予行演習と思って読んでほしい.

例題 2.6 $y' = x(1+y^2)$ を解け.

解　$\dfrac{1}{1+y^2}\dfrac{dy}{dx} = x$ の両辺を x で積分して $\tan^{-1} y = x^2/2 + C$ $(C \in \mathbb{R})$ を得る[2]. すなわち $y = \tan\left(\dfrac{x^2}{2} + C\right)$.　□

例題 2.7 $y' = y(y-1)$ を解け. また初期条件 $y(0) = y_0$ を満たす解を求めよ.

解　$y = 0, y = 1$ は解である. $y \neq 0, 1$ のときを考える.

2]　この不定積分については 0.6 節参照.

$$\left(\frac{1}{y-1} - \frac{1}{y}\right)\frac{\mathrm{d}y}{\mathrm{d}x} = 1$$

より両辺を x で積分すると

$$\int \left(\frac{1}{y-1} - \frac{1}{y}\right)\frac{\mathrm{d}y}{\mathrm{d}x}\,\mathrm{d}x = x + C.$$

したがって $A = \pm e^C \neq 0$ とおくと $\dfrac{y-1}{y} = Ae^x$ を得る．これを y について解いて $y = \dfrac{1}{1 - Ae^x}$．

ここで $A = 0$ とすれば $y = 1$ が得られる．$y = 0$ は $A \to \infty$ として得られる．$A = \infty$ も認めて $y = 0$ は特異解と考えず，一般解に含める[3]．したがって，一般解は $y = 1/(1 - Ae^x)$ $(A \in \mathbb{R} \cup \{\infty\})$．初期条件 $y(0) = y_0$ を満たす解を求める．$A = (y_0 - 1)/y_0$ より，

$$y = \frac{y_0}{y_0 - (y_0 - 1)e^x}. \qquad \square$$

注意 数直線に ∞ を付け加えた集合 $\overline{\mathbb{R}} = \mathbb{R} \cup \{\infty\}$ を形式的に考えることにすると，$y' = y(y-1)$ の一般解は $y = 1/(1 - Ae^x)$, (ただし $A \in \overline{\mathbb{R}}$) と表示できる[4]．

例題 2.8 $xy' = y(y-1)$ を解け．

解 $y = 0, y = 1$ は明らかに解．$y \neq 0, 1$ のとき

$$\left(\frac{1}{y-1} - \frac{1}{y}\right)\frac{\mathrm{d}y}{\mathrm{d}x} = \frac{1}{x}$$

より

$$\log\left|\frac{y-1}{y}\right| = \log|x| + C, \quad C \in \mathbb{R}.$$

$A = \pm e^C \neq 0$ と書き直すと $y = \dfrac{1}{1 - Ax}$ を得る．$y = 1$ は $A = 0$ の場合になっている．また $A \to \infty$ とすれば $y = 0$ を得るので $y = 1/(1 - Ax)$ $(A \in \overline{\mathbb{R}})$ が一般解．
$\square$

---

[3] $B = \pm 1/e^C$ とおいて一般解を $y = B/(B - e^x)$ と書いてみる．B は 0 でない任意の実数値をとれる．そこで $B = 0$ とすれば $y = 0$ が得られるので ∞ が出てくることを奇異に思う必要はない．

[4] $\overline{\mathbb{R}}$ は射影直線という解釈ができる．拙著『リッカチのひ・み・つ』，日本評論社 (2010) 参照．

例 2.9 有性生殖への応用　例題 2.7 の結果を例 2.1 に応用しよう．(2.1) において $N_c = r_d/B$ とおく（限界値という）．また $x = r_d t, y = N/N_c$ とおくと常微分方程式 $y' = y(y-1)$ を得る（$'$ は x に関する微分を表す）．例題 2.7 を使うと

$$y = \frac{y_0}{y_0 - (y_0-1)e^x}, \quad y_0 = \frac{N_0}{N_c}$$

を得る．これを $N(t)$ に書き直すと

$$N(t) = \frac{N_0 N_c}{N_0 - (N_0 - N_c)\exp(r_d t)}.$$

$T = r_d^{-1} \log\{N_0/(N_0 - N_c)\}$ とおくと $N_0 > N_c$ のとき $\lim_{t \to T} N(t) = \infty$．一方 $N_0 < N_c$ であれば $\lim_{t \to \infty} N(t) = 0$．つまりなんらかの要因で個体数が限界値を下回って減少することがあると回復できずに**絶滅**してしまうことを意味する．

ここまでの例では解を y について解いた式を求めていたが，必ずしも y について解く必要はない．

例題 2.10　$(1+x^2)yy' + (1+y^2)x = 0$ を解け．

解

$$\frac{y}{1+y^2}\frac{dy}{dx} + \frac{x}{1+x^2} = 0$$

より

$$\frac{1}{2}\log(1+y^2) + \frac{1}{2}\log(1+x^2) = C.$$

$A = e^{2C}$ とおけば $(x^2+1)(y^2+1) = A$ を得る．　□

問題 2.11　以下の常微分方程式を解け．

(1) $yy' = -x$.

(2) $y' = x\sqrt{y}$.

(3) $\sec^2 x \tan y + \sec^2 y \tan x\, y' = 0$.

変数分離形の実例を調べてみよう．

問題 2.12 1杯のコーヒーが $90°\mathrm{C}$ に温められている．室温 $10°\mathrm{C}$ の部屋に 3 分間放置したら $70°\mathrm{C}$ になった．コーヒーの温度が $55°\mathrm{C}$ に下がるのは最初から何分後か．ただし室温は一定とし温度の降下速度は周囲の温度との温度差に比例するものとする．

[滋賀医大]

問題 2.13 a, k を正の定数とする．常微分方程式

$$\frac{\mathrm{d}x}{\mathrm{d}t} = -ax \log \frac{x}{k}$$

をゴンペルツ方程式とよぶ．ソフトウェア信頼度成長モデルとして用いられている．$x = x(t)$ は時刻 t におけるバグの累積検出数，k は総バグ数．ゴンペルツ方程式を初期条件 $x(0) = x_0$, ただし $0 < x_0 < k$ で解け．

注意 **固形腫瘍の成長模型** 固形腫瘍の成長を捉えたモデルをゴンペルツ (B. Gompertz, 1779–1865) が提案した．時刻 τ における固形腫瘍の体積を $V(\tau)$ とするとき

$$\frac{\mathrm{d}V}{\mathrm{d}\tau}(\tau) = k \exp(-\alpha\tau) V(\tau).$$

k, α は正の定数である．この常微分方程式において $a = k/\alpha$, $t = \exp(-\alpha\tau)$, $x(t) = k \exp(V(\tau))$ とおくとソフトウェア信頼度成長モデルとして紹介したゴンペルツ方程式に書き換えられる．

問題 2.14 **二次反応** 2 種類の物質 A と B がありそれぞれの時刻 t におけるモル濃度を $[\mathrm{A}] = [\mathrm{A}](t), [\mathrm{B}] = [\mathrm{B}](t)$ で表す．$[\mathrm{A}]$ の反応速度が $[\mathrm{A}]$ と $[\mathrm{B}]$ の積に比

例する場合を考える．すなわち
$$\frac{d[A]}{dt} = -k[A][B].$$
このような反応は**二次反応**とよばれるものの例である．初期値を $[A](0) = [A]_0$, $[B](0) = [B]_0$ と表す．ただし $[A]_0 \neq [B]_0$ とする．A と B が反応して，同じ濃度ずつ物質は減少していくので $[A]_0 - [A] = [B]_0 - [B]$ が成り立つ．そこで $a = [A]_0 - [B]_0$ とおくと常微分方程式
$$\frac{d[A]}{dt} = -k[A]([A] - a)$$
が導かれる．この常微分方程式の解を求めよ．

問題 2.15 不可逆な化学反応 $A + B \to C$ において，時刻 t における C の濃度 $[C](t)$ を求めよ．ただし反応速度定数は k, $t = 0$ での A, B, C の濃度はそれぞれ $N, N, 0$ とする．

注意
$$\frac{d[A]}{dt} = -k[A][B], \quad \text{あるいは} \quad \frac{d[A]}{dt} = -k[A]^2$$
に従う化学反応を**二次反応**とよぶ．気体の二次反応 (気相二次反応) の例はたとえば
$$2HI(g) \to H_2(g) + I_2(g),$$
$$H_2(g) + I_2(g) \to 2HI(g),$$
$$2NO_2(g) \to 2NO(g) + O_2(g)$$
などがある．液体の場合の二次反応 (液相二次反応) にはたとえば酢酸エチルのアルカリによる加水分解 (けん化) $CH_3COOC_2H_5 + OH^- \to CH_3COO^- + C_2H_5OH$ などがある．

例 2.16 **特異解** 例 1.7 でふれた変数分離形の常微分方程式 $y' = 3y^{2/3}$ の解を求める．まず $y = 0$ が解であることに注意する．
$$y^{-2/3} \frac{dy}{dx} = 3$$
の両辺を積分して $y^{1/3} = x + C$ を得るから $y = (x + C)^3$ が一般解．だが $y = 0$ は一般解に含まれていないので特異解である．

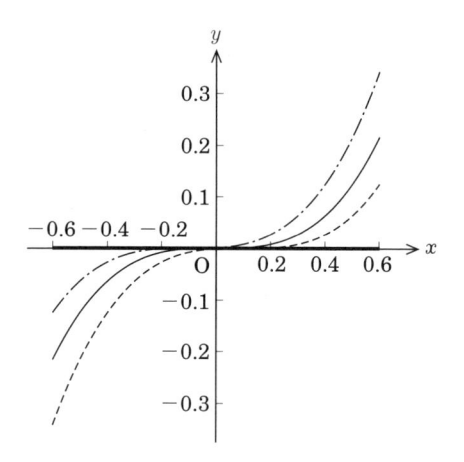

図 2.3 特異解 $y=0$ は一般解 $y=(x+C)^3$ に接している.

ここまで学んだことの応用として不定積分を含む方程式 (積分方程式) を扱ってみよう.

例題 2.17 $f(x) = x + \int_1^x f(t)\,dt$ を満たす微分可能な関数 $f(x)$ を求めよ.

[東京電機大]

解 与えられた積分方程式において $y = f(x)$ とおき両辺を x で微分すると $y'(x) = 1 + y$. これは変数分離形で $y = Ae^x - 1$ が一般解. ここで $f(1) = 1$ であるから $A = 2/e$. したがって $f(x) = 2e^{x-1} - 1$. □

積分方程式を扱うときは初期条件 (この例題の場合 $f(1) = 1$) を見逃さないように注意が必要である. 関数の性質を述べてそこから関数を決定する問題も考えられる (函数方程式). 次の問題を解いてみよう.

問題 2.18 微分可能な関数 $f(x)$ は
$$f(x+y) = f(x)f(y), \quad f(x) > 0, \quad f'(0) = a, \quad (a \neq 0)$$
を満たしている.

(1) $f(0) = 1$ を示せ.

(2) $f'(x)$ を $f(x)$ を用いて表せ.

(3) $f(x)$ を求めよ.

[栃木県教員]

2.4 同次形

例題 2.19 $xyy' = x^2 + y^2$ を解け.

解 y' について解いてみると

$$\frac{dy}{dx} = \frac{y}{x} + \frac{x}{y}$$

であるから変数分離形ではない. $u = y/x$ とおくと右辺は u だけの函数である. そこで u を使って書き換えてみよう. $y' = (ux)' = u'x + u$ より

$$u'x + u = u + \frac{1}{u}$$

となるから $uu' = 1/x$ を得る. これは変数分離形で $u^2/2 = \log x + C, (C \in \mathbb{R})$ を得る. $y = ux$ に代入すれば一般解 $y = 2x^2(\log x + C)$ が求められた. □

定義 2.20

$$\frac{dy}{dx} = f\left(\frac{y}{x}\right), \tag{2.4}$$

つまり右辺が y/x だけの函数という形をしているとき, この常微分方程式は**同次形**であるという.

例題 2.19 のように同次形の常微分方程式は従属変数を $u = y/x$ に変更すれば変数分離形に帰着される. 実際 (2.4) において $y = ux$ とおけば (2.4) は $xu' = f(u) - u$ と書き換えられるので

$$\int \frac{du}{f(u) - u} = \int \frac{dx}{x} = \log|x| + C$$

を得る. 左辺の積分が実行できれば (2.4) の一般解が求められる. ここで $f(u) = u$ なら $u' = 0$ であるから $y = Cx$ $(C \in \mathbb{R})$ が得られることに注意しよう.

問題 2.21 次の微分方程式を解け.
(1) $2xy - (3x^2 + y^2)y' = 0$.
(2) $xy^2 y' = x^3 + y^3$.

例題 2.22 数平面内の曲線 C 上の任意の点 P における接線が x 軸と交わる点を Q としたとき，x 軸の正の方向から有向線分 QP へ測った角 θ が x 軸の正の方向から有向線分 OP へ測った角 ϕ の 2 倍となるような曲線を求めよ．ただし $0 < \phi < \pi/4$ とする． [奈良県立大]

解 求める曲線を $y = f(x)$ とする．P(x, y), Q$(q, 0)$ とする．$\angle$POQ $= \phi$, $\angle$OPQ $= \pi - (\phi + \pi - \theta) = \phi$ より $\overline{\text{OQ}} = \overline{\text{PQ}}$.

P における接線は
$$Y - y = f'(x)(X - x).$$
これが Q を通るから $y = y'(x - q)$. ただし $y' = f'(x)$. $\overline{\text{OQ}} = \overline{\text{PQ}}$ より
$$(x - q)^2 + y^2 = q^2.$$
$y' = 0$ だと題意のようなことは起こらないので以下 $y' \neq 0$ とする [5].

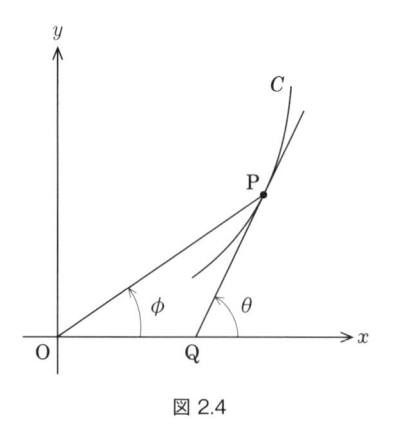

図 2.4

5] $y' = f'(x) = 0$ より P における接線は x 軸と平行．この接線が x 軸で交わるとしたら接線が x 軸と重なるしかない．そのとき Q がただ一つに定まらない．θ と ϕ は $\theta = \phi = 0$ と考えることになる．

$$\frac{y}{y'} = x^q$$

を $y = y'(x-q)$ を代入して整理すると

$$y' = \frac{2xy}{x^2 - y^2}.$$

これは同次形. $y = ux$ とおくと

$$\frac{1 - u^2}{u(1 + u^2)} \frac{\mathrm{d}u}{\mathrm{d}x} = \frac{1}{x}$$

と書き直せるから

$$\int \frac{\mathrm{d}u}{u} - \int \frac{2u}{1 + u^2} \, \mathrm{d}u = \int \frac{\mathrm{d}x}{x}.$$

不定積分を実行して

$$\log \left| \frac{u}{1 + u^2} \right| = \log |x| + C, \quad C \in \mathbb{R}.$$

これを書き直して $x^2 + y^2 = AX$, $(A = \pm e^{-C} \neq 0)$. これは $(A/2, 0)$ を中心とする半径 $r = |A|/2$ の円を表す. 問題中の条件 $0 < \phi < \pi/4$ より $A > 0$ である. $A > 0$ のとき P の座標が

$$x = r + r\cos\left(\frac{\pi}{2} + \theta\right), \quad y = r\sin\left(\frac{\pi}{2} + \theta\right)$$

で与えられることから円の上半分 ($y > 0$ の部分) に限ることがわかる. □

例 2.23 同次形の一般化　$a, b, c, \tilde{a}, \tilde{b}, \tilde{c} \in \mathbb{R}$ に対し

$$y' = f\left(\frac{ax + by + c}{\tilde{a}x + \tilde{b}y + \tilde{c}}\right)$$

の解法を考察する.

この方程式を同次形に書きなおせるかどうか試してみよう. まず x と y の平行移動 $x \mapsto x - h = u, y \mapsto y - k = v$ を施してみると

$$ax + by + c = a(u+h) + b(v+k) + c = au + bv + (ah + bk + c),$$
$$\tilde{a}x + \tilde{b}y + \tilde{c} = \tilde{a}(u+h) + \tilde{b}(v+k) + \tilde{c} = \tilde{a}u + \tilde{b}v + (\tilde{a}h + \tilde{b}k + \tilde{c}).$$

$a\tilde{b} - \tilde{a}b \neq 0$ のとき

の解 h, k がただ一組ある[6]. すると
$$\frac{\mathrm{d}y}{\mathrm{d}x} = \frac{\mathrm{d}v}{\mathrm{d}u}$$
だからこの常微分方程式は
$$\frac{\mathrm{d}v}{\mathrm{d}u} = f\left(\frac{au+bv}{\tilde{a}u+\tilde{b}v}\right)$$
となる.

$$ah + bk + c = 0, \quad \tilde{a}h + \tilde{b}k + \tilde{c} = 0$$

$$\frac{au+bv}{\tilde{a}u+\tilde{b}v} = \frac{a+b\dfrac{v}{u}}{\tilde{a}+\tilde{b}\dfrac{v}{u}}$$

と書き換えられるから，この常微分方程式は同次形に帰着する．

$a\tilde{b} - \tilde{a}b = 0$ のときは $\tilde{a}x + \tilde{b}y = m(ax+by)$ と表せる[7]. そこで $u = ax+by$ とおけば
$$\frac{\mathrm{d}u}{\mathrm{d}x} = a + bf\left(\frac{u+c}{mu+\tilde{c}}\right)$$
という変数分離形になる．したがってどちらの場合も解くことができる．

問題 2.24 次の微分方程式を解け．
(1) $(5x-7y) - (x-3y+4y)y' = 0$.
(2) $(4x-6y-1) - (2x-3y+2)y' = 0$.

ここで変数分離形・同次形の応用として等角切線を紹介しよう．まず2直線のなす角を説明する．xy 平面内の平行でない2本の直線 $\ell_1 : y = m_1 x + n_1$ と $\ell_2 : y = m_2 x + n_2$ の間のなす角を求めたい．ℓ_j と x 軸のなす角を θ_j とする ($j = 1, 2$) と $m_j = \tan\theta_j$ である．

6] 線型代数をすでに学んだ読者向けの説明：この連立方程式は行列を使って
$$\begin{pmatrix} a & b \\ \tilde{a} & \tilde{b} \end{pmatrix} \begin{pmatrix} h \\ k \end{pmatrix} = \begin{pmatrix} -c \\ -\tilde{c} \end{pmatrix}$$
と表せる．$a\tilde{b} - \tilde{a}b \neq 0$ よりこの連立方程式はただ一組の解をもつ．

7] $\tilde{a} : \tilde{b} = a : b$ より $\tilde{a} = ma$ かつ $\tilde{b} = mb$ を満たす $m \in \mathbb{R}^\times$ が存在する．

図 2.5

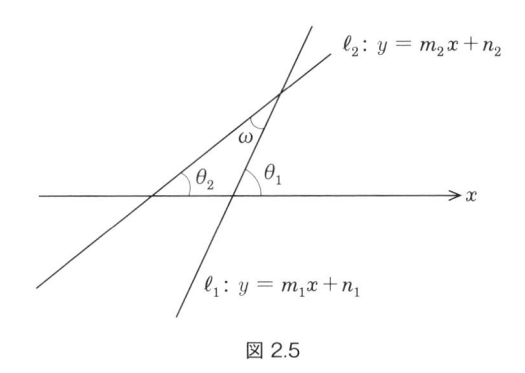

ℓ_1 と ℓ_2 のなす角を ω とすると
$$\omega = \begin{cases} \theta_1 - \theta_2, & (\theta_1 > \theta_2 \text{のとき}) \\ \theta_2 - \theta_1, & (\theta_1 < \theta_2 \text{のとき}) \end{cases}$$
であるから
$$\tan \theta_1 = \begin{cases} \dfrac{\tan \theta_2 - \tan \omega}{1 + \tan \theta_2 \tan \omega}, & (\theta_1 > \theta_2 \text{のとき}) \\ \dfrac{\tan \theta_2 + \tan \omega}{1 - \tan \theta_2 \tan \omega}, & (\theta_1 < \theta_2 \text{のとき}). \end{cases}$$

いま xy 平面に曲線の集まり (**曲線族**という) $\{\varphi(x,y,c) = 0\}_{c \in \mathbb{R}^\times}$ と $\{\psi(x,y,r) = 0\}_{r \in \mathbb{R}^\times}$ が与えられているとする. この記法の意味を理解するには具体例を見るのがよい. たとえば
$$\varphi(x,y,c) = cx - y = 0, \quad \psi(x,y,r) = x^2 + y^2 - r^2 = 0.$$
前者は原点を通る直線の全体を表している. 後者は原点を中心とする円の全体である.

いま曲線族の中から一つずつ選んだ曲線 $\varphi(x,y,c) = 0$ と曲線 $\psi(x,y,r) = 0$ が (x_0, y_0) で**交わる**とする. 交点におけるそれぞれの接線のなす角を (x_0, y_0) において曲線 $\varphi(x,y,c) = 0$ と曲線 $\psi(x,y,r) = 0$ が**なす角**とよぶ.

定義 2.25 二つの曲線族 $\{\varphi(x,y,c)=0\}$ と $\{\psi(x,y,r)=0\}$ が交わるすべての点において,両者がなす角が一定 (定数) であるとき,両者は互いに**等角切線** (または**等交切線**) であるという.とくに互いの接線が垂直であるとき,**直交切線**とよぶ.

例 2.26 原点を通る直線の集まり $\{\varphi(x,y,c)=cx-y=0\}$ と原点中心の円の集まり $\{\psi(x,y,r)=x^2+y^2-r^2=0\}$ は互いに直交切線である.

曲線 $\varphi(x,y,c)=0$ と曲線 $\psi(x,y,r)=0$ の交点を (x_0,y_0) とする.(x_0,y_0) における $\varphi(x,y,c)=0$ の接線の傾き $\tan\theta_1$ は $\tan\theta_1=\mathrm{d}y/\mathrm{d}x(x_0)$ である.区別のため,もう一方の曲線を $\psi(X,Y,r)=0$ と表しておく.$\psi(X,Y,r)=0$ の $(X,Y)=(x_0,y_0)$ における接線の傾き $\tan\theta_2$ は $\tan\theta_2=\mathrm{d}Y/\mathrm{d}X(x_0)$ である.接線のなす角を $\omega(x_0)$ とすると

$$\frac{\mathrm{d}y}{\mathrm{d}x}(x_0)=\frac{\dfrac{\mathrm{d}Y}{\mathrm{d}X}(x_0)\mp\tan\omega(x_0)}{1\pm\tan\omega(x_0)\dfrac{\mathrm{d}Y}{\mathrm{d}X}(x_0)}$$

が得られる.直交切線の場合は

$$\frac{\mathrm{d}y}{\mathrm{d}x}(x_0)=-1\Big/\frac{\mathrm{d}Y}{\mathrm{d}X}(x_0)$$

である.いま曲線族 $\{\varphi(x,y,c)=0\}$ が与えられたとき,この族に対する等角切線を求めよう.そのためにはまず $\{\varphi(x,y,c)=0\}$ に属する曲線すべてが共通に満たす微分方程式を求める必要がある.その微分方程式を

$$f\left(x,y,\frac{\mathrm{d}y}{\mathrm{d}x}\right)=0$$

としよう.ここに $x=X,y=Y$ と

$$\frac{\mathrm{d}y}{\mathrm{d}x}=\frac{\dfrac{\mathrm{d}Y}{\mathrm{d}X}\mp\tan\omega}{1\pm\tan\omega\dfrac{\mathrm{d}Y}{\mathrm{d}X}}$$

を代入する (ω は定数).代入した結果を整理して微分方程式

$$F\left(X,Y,\frac{\mathrm{d}Y}{\mathrm{d}X}\right)=0$$

を導き，これを解くことで等角切線を求められる．なかなかややこしい操作なので実際にやってみよう．

例題 2.27 どの楕円 $x^2 + 2y^2 = c^2$ $(c \in \mathbb{R}^\times)$ とも直交する，すなわち交点における両曲線の接線が垂直であるような曲線を求めよ．　　　　　　　　　　[九州芸工大]

解 $\varphi(x, y, c) = x^2 + 2y^2 - c^2 = 0$ とおく．これの直交切線を求めたい．$\varphi(x, y, c) = 0$ の両辺を x で微分すると $2x + 4yy' = 0$ が得られる．これは c を含まないので曲線族に共通な微分方程式．ここに $x = X, y = Y, y' = -1/(dY/dX)$ を代入すると変数分離形の微分方程式 $Y'/Y = 2/X$ が得られた．X, Y をあらためて x, y に書き換えると一般解は $y = rx^2$ $(r \in \mathbb{R})$. つまり原点を通る放物線の族（図 2.6）． □

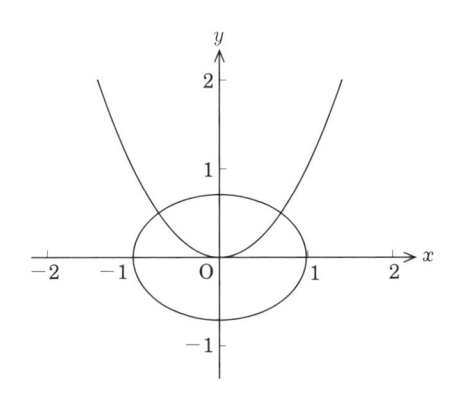

図 2.6 $x^2 + 2y^2 = 1$ と $y = x^2$

例題 2.28 直角双曲線の集合 $xy = c$ $(c \in \mathbb{R}^\times)$ と $45°$ で交わる等角切線を求めよ．

解 $\varphi(x, y, c) = xy - c = 0$ を x で微分して $y + xy' = 0$ を得る．これは双曲線族に共通な微分方程式．この微分方程式に $x = X, y = Y, y' = (Y' \mp 1)/(1 \pm$

Y') を代入すると同次形の微分方程式

$$(X \pm Y)Y' \mp X + Y = 0$$

を得る．$(X+Y)Y' - X + Y = 0$ の方を解き，X, Y を x, y に表記変更すると $y^2 - x^2 + 2xy = r$．これは $y^2 - x^2 + 2xy = 0$ を漸近線にもつ双曲線．一方，$(X-Y)Y' + X + Y = 0$ の方を解き，X, Y を x, y に表記変更すると，双曲線の族 $x^2 - y^2 + 2xy = r$ を得る． □

問題 2.29 原点を焦点にもつ放物線の族 $\{F(x, y) = y^2 - 4p(x+p) = 0\}_{p \in \mathbb{R}^\times}$ の直交切線を求めよ．

等角切線は平面上に定角で交わる曲線座標系を定めることに注意．

COLUMN | **定数の差**

部分積分を使って $\int \sin x \cos x \, dx$ を計算してみよう．2 通りの計算が行える．まず $\int (\sin x)' \sin x \, dx = \dfrac{1}{2}\sin^2 x + c_1$ と計算できる．一方

$$-\int (\cos x)' \cos x \, dx = -\frac{1}{2}\cos^2 x + c_2$$

と計算できる．$(\sin^2 x)/2 \neq -(\cos^2 x)/2$ だから何かおかしい？ そう思いがちだが，どこにも間違いはない．

$$\frac{1}{2}\sin^2 x + c_1 = \frac{1}{2}(1 - \cos^2 x) + c_1 = -\frac{1}{2}\cos^2 x + \left(c_1 + \frac{1}{2}\right)$$

と書き換えられるから，$c_2 = c_1 + 1/2$ という関係にあることがわかる．あるいは

$$-\frac{1}{2}\cos^2 x - \frac{1}{2}\sin^2 x = -\frac{1}{2}$$

であるから不定積分 $F_1 = (\sin^2 x)/2$ と $F_2 = -(\cos^2 x)/2$ は定数の差の違いしかない．

演 習 問 題

問 2.1　$(1-x)y + (1+x)y' = 0$ の初期条件 $y(0) = 1$ を満たす解を求めよ.

[茨城県教員]

問 2.2　次の微分方程式を解け.
(1) $y' = xy^2$.
(2) $y' = x\sqrt{y}$.

問 2.3　ある物体を地球の表面から鉛直上方に発射する. 地球の重力の影響だけを受けるものとするとき, 微分方程式 $\ddot{x}(t) = -k^2/x(t)^2$ が成り立つ. ただし発射して t 秒後のこの物体と地球の中心との距離を x (m) とし k は正の定数とする. 地球の半径を R (m), 初速を $\sqrt{2}k/\sqrt{R}$ (m·s^{-1}) とするとき, 次の各問に答えよ.
(1) $\dfrac{\mathrm{d}}{\mathrm{d}t}(\dot{x}(t)^2 - 2k^2/x(t)) = 0$ を示せ.
(2) x を t の函数で表せ.

[山形大]

問 2.4　楕円群
$$\frac{x^2}{a^2-c} + \frac{y^2}{b^2-c} = 1, \quad a^2 > b^2 > c$$
の直交切線を求めよ.

問 2.5　放物線群 $x^2 = 2c(y - \sqrt{3}x)$ と $60°$ の角をなす等角切線を求めよ.

第3章
1階線型常微分方程式

[目標] この章では変数分離形の常微分方程式 $y'(x) + p(x)y = 0$ を変形した常微分方程式 $y' + p(x)y = q(x)$ を取り扱う．定数変化法を修得する．

3.1 線型常微分方程式を解いてみる

この章で扱う例から始めよう．

例 3.1 空気中の落下運動　空気抵抗のある落下運動や，粘性のある液体中の運動では抵抗が働き，運動方程式は $m\dot{v} = mg - m\nu v$ と修正される．g は重力加速度 (の大きさ) を表す[1]．定数 $\nu > 0$ を抵抗係数という．この運動を調べるには 1 階常微分方程式 $\dot{v}(t) = g - \nu v(t)$ を解けばよい．

例 3.2 RL 回路　コイルと抵抗を直列につないだ直流回路を考える．コイルのインダクタンスを L，抵抗を R とする (図 3.1)．この回路に電源をつないだとき内部を流れる電流 I を時刻 t の函数として考えると常微分方程式 $L\dot{I}(t) + RI(t) = E(t)$ に従う．$E(t)$ は直流電流の起電力を表す．

注意　電気工学の教科書では電流を $i = i(t)$ と表すが，この本では i は虚数単位に使うので電流を I と表記する．電気工学の本では虚数単位を j で表すことが多いので注意．

1] 地上での標準値 $g = 9.80665$ $(\mathrm{m \cdot s^{-2}})$ (1901 年 国際度量衡総会)．

図 3.1　RL 回路

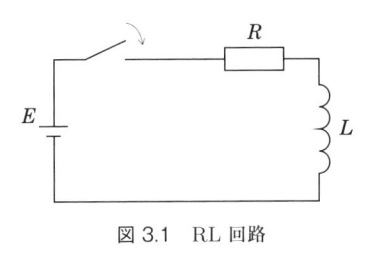

どちらの例も時刻 t の函数 $X(t)$ に関する微分方程式で

$$\dot{X}(t) + P(t)X(t) = Q(t)$$

という形をしている．左辺は $X(t)$ と $\dot{X}(t)$ の (t の函数を係数にもつ) 1 次式である．そこで次の命名をしておく．

定義 3.3　「x の函数を係数とする y' と y の 1 次式 = 0」という形で与えられる 1 階常微分方程式

$$y' + p(x)y - q(x) = 0 \tag{3.1}$$

を **1 階線型常微分方程式**とよぶ．1 階線型常微分方程式 (3.1) において $q(x) = 0$ であるとき (3.1) は**斉次**であるとか**同次**であるという．(3.1) において $q(x)$ を**非斉次項**とよぶ．

斉次な 1 階線型常微分方程式は変数分離形であることに注意しよう．

一般には常微分方程式をさらに微分すると，よけい複雑になってしまうが，非斉次項が e^{ax} とか x の多項式であるときは「もう一度微分する」ことで一般解を求めることができる．

例題 3.4　$y' - 2y = e^{5x}$ を解け．

解　両辺を微分すると $y'' - 2y' = 5e^{5x}$．ここにもとの常微分方程式を代入すると $y'' - 2y' = 5(y' - 2y)$，すなわち $y'' - 7y' + 10y = 0$．これは

$$(y' - 5y)' = 2(y' - 5y)$$

と書き直せるから $y' - 5y = Ce^{2x}$ を得る．これともとの常微分方程式から

$$y = \frac{1}{3}e^{5x} + ce^{2x}$$

を得る ($C = -3c$ と書き換えた). この一般解は斉次微分方程式 $y' - 5y = 0$ の一般解 ce^{2x} と非斉次微分方程式 $y' - 2y = e^{5x}$ の特殊解 $e^{5x}/3$ の和で与えられていることに注意されたい. □

問題 3.5 $y' + 2y = 2x + 5$ の両辺を微分することで, 一般解を求めよ.

非斉次項が e^{ax} とか「x の多項式」でない場合は「さらに微分する」という方法は有効ではない. 次の節で説明する定数変化法を学んでおこう.

3.2 定数変化法

線型常微分方程式 (3.1) の一般解を求める定数変化法を説明する. まず斉次形の微分方程式

$$y' + p(x)y = 0 \tag{3.2}$$

を解こう. これを (3.1) に附随する斉次微分方程式とか同伴斉次微分方程式とよぶ. これは変数分離形なので一般解を求められる.

$$y = A \exp\left(-\int p(x)\,dx\right), \quad A \in \mathbb{R}. \tag{3.3}$$

注意 重ね合わせの原理 y_1, y_2 を斉次常微分方程式 $y' + p(x)y = 0$ の解とすると勝手に選んだ実数 c_1, c_2 に対し $c_1 y_1 + c_2 y_2$ も解である. 実際, $y = c_1 y_1 + c_2 y_2$ とおくと

$$y' + p(x)y = c_1(y_1' + p(x)y_1) + c_2(y_2' + p(x)y_2) = 0$$

であるから確かに解. この事実を「重ね合わせの原理が成り立つ」と言い表す. また $c_1 y_1 + c_2 y_2$ を y_1 と y_2 の線型結合とよぶ.

線型空間を学んだ読者向けの注意 函数 $p(x)$ に対し $\mathcal{V}(p(x)) = \{y \mid y' + p(x)y = 0\}$ とおく. すなわち斉次常微分方程式 $y' + p(x)y = 0$ の解である函数をすべて集めてできる集合である. 重ね合わせの原理は $\mathcal{V}(p(x))$ が線型空間 (ベクトル空間) の構造をもつことを意味している. さ

らに一般解が (3.3) で与えられることから $\exp\left(-\int p(x)\,\mathrm{d}x\right)$ を基底に選べることがわかる．すなわち $\mathcal{V}(p(x))$ は 1 次元．

同伴斉次微分方程式の一般解 (3.3) における定数 A を x の**関数** $A(x)$ で置き換えたものをもとの常微分方程式に代入しよう (オイラーとラグランジュのアイディア)．

$$y' = A'(x)\exp\left(-\int p(x)\,\mathrm{d}x\right) - A(x)p(x)\exp\left(-\int p(x)\,\mathrm{d}x\right)$$

であるから

$$q(x) = y' + p(x)y = A'(x)\exp\left(-\int p(x)\,\mathrm{d}x\right).$$

これを書き換えて

$$A'(x) = q(x)\exp\left(\int p(x)\,\mathrm{d}x\right).$$

この両辺を x で積分して

$$A(x) = \int q(x)\exp\left(\int p(x)\,\mathrm{d}x\right)\,\mathrm{d}x + C$$

を得るので最終的に一般解

$$y = \left\{\int q(x)\exp\left(\int p(x)\,\mathrm{d}x\right)\,\mathrm{d}x + C\right\}\exp\left(\int -p(x)\,\mathrm{d}x\right) \tag{3.4}$$

が得られた．このように斉次微分方程式の定数 A を変化させて一般解を求める方法を**定数変化法**という．$u(x) = \exp\left(-\int p(x)\,\mathrm{d}x\right)$ とおくと (3.4) は任意定数を含む部分 $y_1 = Cu$ と含まない部分

$$y_0 = u(x)\int \frac{q(x)}{u(x)}\,\mathrm{d}x$$

に分けられる．任意定数を含む部分 y_1 は同伴斉次微分方程式 (3.2) の一般解であることに注意しよう．また任意定数を含まない部分 y_0 は (3.1) の特殊解である．実際，y_0 を微分して $y_0' + p(x)y_0 = q(x)$ を確かめられる．y_1 を (3.1) の**余関数**または**補関数**とよぶ．

例題 3.6 $y' = y + x$ を解け．

解 まず斉次微分方程式 $y' = y$ を解く．一般解は $y = Ae^x$. そこで定数 A を函数 $A(x)$ で置き換え $y' = y + x$ に代入すると $A'(x) = xe^{-x}$. したがって

$$A(x) = \int xe^{-x}\,\mathrm{d}x = -\int (e^{-x})' x \mathrm{d}x$$
$$= -e^{-x}x - \int e^{-x}\,\mathrm{d}x = -(x+1)e^{-x} + C.$$

以上より $y = -(x+1) + Ce^x$. □

問題 3.7 定数変化法を用いて次の常微分方程式の一般解を求めよ．
(1) $y' + xy = ax^3$ （a は定数）．
(2) $y' + \cos x y = \sin(2x)$.

1 階線型常微分方程式 (3.1) の一般解は特殊解と余函数の和で与えられるから特殊解を何らかの方法で求めれば一般解が求まる．次の問題を解いてみよう．

問題 3.8 微分方程式 $y' - 2y = 2x^2 - 4x + 3$ について次の問いに答えよ．
(1) $y = ax^2 + bx + c$ がこの微分方程式を満たすように a, b, c を定めよ．
(2) 函数 $f(x)$ がこの微分方程式を満たすとき，任意の定数 C に対し $y = f(x) + Ce^{kx}$ がやはり微分方程式を満たすように定数 k を定めよ．
(3) 初期条件 $x = 0$ のとき $y = 3$ を満たす解を求めよ．

[山梨大]

例題 3.9 例 3.1 の空気抵抗があるときの落下の微分方程式 $\dot{v}(t) + \nu v(t) = g$ を初期条件 $v(0) = 0$ のもとで解け．

解 まず斉次微分方程式 $\dot{v} + \nu v = 0$ の一般解を求めると $v(t) = Ae^{-\nu t}$. 定数 A を変化させて $\dot{v} + \nu v = g$ に代入すると $\dot{A}(t) = ge^{\nu t}$ であるから

$$A(t) = \frac{g}{\nu}e^{\nu t} + C.$$

したがって $v(t) = Ce^{-\nu t} + \frac{g}{\nu}$. 初期条件 $v(0) = 0$ より $v(t) = \frac{g}{\nu}\left(1 - e^{-\nu t}\right)$ を得

る．$\lim_{t\to\infty} v(t) = g/\nu$ を**終速度**という．$e^{-\nu t}$ をテイラー展開すると (未習の読者は例 6.6 参照)

$$v(t) = \frac{g}{\nu}\left\{1 - \left(1 + \sum_{n=1}^{\infty}\frac{(-\nu t)^n}{n!}\right)\right\} = gt - g\nu t^2\left\{\frac{1}{2} - \frac{\nu}{3!}t + \cdots\right\}.$$

t が 0 に近いときは $v(t)$ は gt に近い，つまり重力の影響で加速していることがわかる．t が大きくなると空気抵抗が効いてきて終速度に近づいていく (図 3.2). □

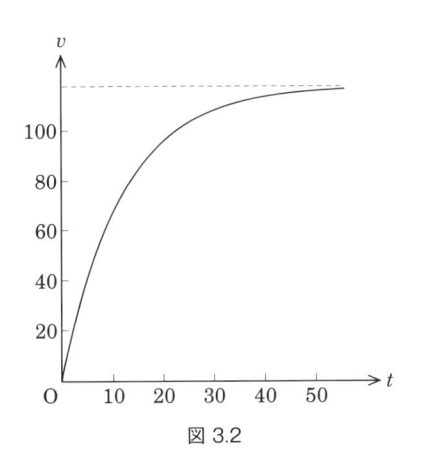

図 3.2

例題 3.10 例 3.2 の常微分方程式 $L\dot{I}(t) + RI(t) = E(t)$ の解を求めよ．

解 同伴斉次微分方程式 $L\dot{I} + RI = 0$ の一般解は $I(t) = A\exp(-Rt/L)$. 定数変化法を用いると

$$A(t) = \frac{1}{L}\int E(t)\exp(Rt/L)\,\mathrm{d}t$$

より $I(t) = \dfrac{1}{L}\exp(-Rt/L)\left\{\displaystyle\int E(t)\exp(Rt/L)\,\mathrm{d}t + C\right\}$.

起電力 $E(t)$ が一定値 E の場合は

$$I(t) = \frac{E}{R} + Ce^{-Rt/L}.$$

初期条件 $I(0) = I_0$ を要請すると $C = I_0 - E/R$. したがって

$$I(t) = \frac{E}{R} + \left(I_0 - \frac{E}{R}\right)e^{-Rt/L}.$$

$I_S(t) = E/R$ はこの微分方程式の特殊解であり**定常解**とよばれる．一方，同伴斉次微分方程式の解 $I_T(t) = Ce^{-Rt/L}$ は**過渡解**とよばれる[2]． □

3.3 積分因子

定数変化法の他に積分因子を用いる解法も知られている．

例題 3.11 x の函数 y が微分可能であるとき次の問いに答えよ．
(1) $e^{-2x}(e^{2x}y)'$ を計算せよ．
(2) (1) を利用して微分方程式 $y' + 2y = 0$ の一般解を求めよ．
(3) 微分方程式 $y' + 2y = x^2$ の一般解を求めよ．

[新潟大]

解 (1) $e^{-2x}\dfrac{\mathrm{d}}{\mathrm{d}x}(e^{2x}y) = e^{-2x}(2e^{2x}y + e^{2x}y') = y' + 2y$.

(2) (1) より $e^{-2x}\dfrac{\mathrm{d}}{\mathrm{d}x}(e^{2x}y) = 0$ であるから $e^{2x}y = C$(定数)．これを書き直して $y = Ce^{-2x}$.

(3) (1) より $e^{-2x}\dfrac{\mathrm{d}}{\mathrm{d}x}(e^{2x}y) = e^{-2x}(2e^{2x}y + e^{2x}y') = y' + 2y = x^2$ となるから

$$\frac{\mathrm{d}}{\mathrm{d}x}(e^{2x}y) = e^{2x}x^2.$$

したがって

$$e^{2x}y = \int e^{2x}x^2\,\mathrm{d}x = \int \left(\frac{1}{2}e^{2x}\right)'x^2\,\mathrm{d}x = \frac{1}{2}e^{2x}x^2 - \int \frac{1}{2}e^{2x}(x^2)'\,\mathrm{d}x$$

$$= \frac{x^2}{2}e^{2x} - \int e^{2x}x\,\mathrm{d}x = \frac{x^2}{2}e^{2x} - \int \left(\frac{1}{2}e^{2x}\right)'x\,\mathrm{d}x$$

$$= \frac{x^2}{2}e^{2x} - \frac{1}{2}e^{2x}x + \int \frac{1}{2}e^{2x}\,\mathrm{d}x = \frac{x^2}{2}e^{2x} - \frac{1}{2}xe^{2x} + \frac{1}{4}e^{2x} + C.$$

以上より $y = \dfrac{1}{4}(2x^2 - 2x + 1) + Ce^{-2x}$. □

---

[2] 回路に一定の起電力の電源をつないだとき(スイッチ投入直後の状態)を過渡状態という．しばらくたち電流が一定になった状態を定常状態という．過渡解・定常解の名称はこれらに由来する．

この問題の解法を検討しよう. 1 階線型常微分方程式 $y' + p(x)y = q(x)$ において $\mu(x) = \exp\left(\int p(x)\,\mathrm{d}x\right)$ とおき常微分方程式の両辺に $\mu(x)$ をかけてみる.

$$\mu y' + p\mu y = \mu q.$$

$\mu'(x) = p(x)\mu(x)$ であることを利用すると

$$(\mu y)' = \mu y' + \mu p y$$

であるから $(\mu y)' = \mu q$ と書き換えられたので

$$\mu(x) y = \int \mu(x) q(x)\,\mathrm{d}x + C.$$

したがって

$$\begin{aligned} y &= \mu(x)^{-1} \left(\int \mu(x) q(x)\,\mathrm{d}x + C \right) \\ &= \left\{ \int q(x) \exp\left(\int p(x)\,\mathrm{d}x\right)\,\mathrm{d}x + C \right\} \exp\left(\int -p(x)\,\mathrm{d}x\right) \end{aligned}$$

となりこれは (3.4) と一致している. この $\mu(x)$ を $y' + p(x)y = q(x)$ の **積分因子** とよぶ.

問題 3.12 例題 3.4 の常微分方程式を積分因子を用いる方法で解け.

3.4 ベルヌーイ方程式とリッカチ方程式

例 3.13 $n = 0, 1, 2, \cdots$ とする. 1 階常微分方程式 $y' + p(x)y = q(x)y^n$ をベルヌーイ方程式とよぶ.

$n = 0, n = 1$ のときベルヌーイ方程式は線型常微分方程式であるから $n \neq 0, 1$ としよう.

$$\frac{1}{y^n} y' + \frac{p(x)}{y^{n-1}} = q(x)$$

より $z = y^{1-n}$ とおけば

$$z' + (1-n)p(x)z = (1-n)q(x)$$

と書き換えられる．これは線型常微分方程式であるから定数変化法で解を求められる．

例題 3.14 $y' + 2xy = 2x^3 y^3$ を解け．

解 $z = y^{-2}$ とおくと $z' - 4xz = -4x^3$．これを解くと
$$z = x^2 + \frac{1}{2} + Ce^{2x^3}, \quad C \in \mathbb{R}.$$
したがって $y = 1/(x^2 + 1/2 + Ce^{2x^3})$． □

例 3.15 $y' = p(x) + 2q(x)y + r(x)y^2$ を**リッカチ方程式**とよぶ．

リッカチ方程式は線型常微分方程式やベルヌーイ方程式などのような解法をもたない (特別な場合には解法があることが知られているが)．だが，もしこの方程式の**特殊解**を一つ見つけることができれば，一般解が求められる．いま特殊解 u が見つかっているとしよう．そこで $x = u + 1/v$ とおき v の満たす微分方程式を求めると
$$y' = u' - \frac{v'}{v^2} = p + 2qu + ru^2 - \frac{v'}{v^2}.$$
これをリッカチ方程式に代入すると
$$p + 2q\left(u + \frac{1}{v}\right) + r\left(u + \frac{1}{v}\right)^2 = p + 2qu + ru^2 - \frac{v'}{v^2}$$
より
$$v'(t) + 2(q(t) + r(t)u(t))v(t) = -r(t)$$
であるから線型常微分方程式が得られた．

問題 3.16 リッカチ方程式 $y' = e^{2x} + (1 + 5e^x/2)y + y^2$ は $u = -e^x/2$ を特殊解にもつことを確かめ，一般解を求めよ．

注意 積分因子およびリッカチ方程式については拙著『リッカチのひ・み・つ』を参照．

演習問題

問 3.1 $T > 0$ を定数とする．区間 $[0, \infty)$ 上の函数 $E(t)$ を $0 \leq t \leq T$ のとき $E(t) = V$(定数)，$t > T$ のとき 0 で定める．この函数 $E(t)$ に従う起電力 (パルス型起電力) を例 3.2 の常微分方程式において与える場合の解を求めよ．ただし $I(0) = 0$ とする．

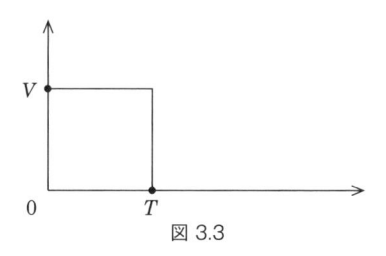

図 3.3

問 3.2 微分方程式 $y' = a(x) + 2b(x)y + c(x)y^2$ について以下の問いに答えよ．

(1) y_1, y_2 をこの微分方程式の異なる二つの解とする．$(y_1' - y_2')/(y_1 - y_2)$ を求めよ．

(2) y_1, y_2, y_3 を異なる三つの解とする．さらに y を y_1 と異なる解とする．$q(y_1, y_2, y_3, y) = \{(y_1 - y_2)(y_3 - y)\}/\{(y_2 - y_3)(y - y_1)\}$ とおく (複比とよばれる)．このとき $\dfrac{d}{dx} q(y_1, y_2, y_3, y) = 0$ を示せ．

(3) (2) より $q(y_1, y_2, y_3, y) = K$ (定数) である．y を K と y_1, y_2, y_3 を用いて表せ．ただし分子と分母に K が含まれるようにせよ．

[横浜市立大学]

第4章
2階線型常微分方程式

[目標] 2階線型常微分方程式,
$$y'' + py' + qy = r(x)$$
の解法について学ぶ (p, q は定数).

4.1 定数係数斉次のとき

三つの函数 $p(x), q(x), r(x)$ に対し常微分方程式
$$y'' + p(x)y' + q(x)y = r(x) \tag{4.1}$$
を 2 階線型常微分方程式とよぶ. とくに $p(x)$ と $q(x)$ の両方が定数函数であるとき, (4.1) は定数係数であるという. 1 階線型常微分方程式のときと同様に $r(x)$ を非斉次項とよぶ. $r = 0$ のとき (4.1) は斉次であるという. 斉次のときは 1 階線型常微分方程式 (3.2) のときと同様に次の重ね合わせの原理が成り立つ.

定理 4.1 重ね合わせの原理 y_1, y_2 を斉次常微分方程式 $y'' + p(x)y' + q(x)y = 0$ の解とすると勝手に選んだ実数 c_1, c_2 に対し線型結合 $c_1 y_1 + c_2 y_2$ も解である.

証明 $y = c_1 y_1 + c_2 y_2$ とおくと
$$\begin{aligned}&y'' + p(x)y' + q(x)y \\&= c_1(y_1'' + p(x)y_1' + q(x)y_1) + c_2(y_2'' + p(x)y_2' + q(x)y_2) = 0.\end{aligned}$$ ■

線型空間を学んだ読者向けの注意 1 階線型常微分方程式のときに述べた注意 (p.50) と同様の事

実が成立する．関数 $p(x), q(x)$ に対し

$$\mathcal{V}(p(x), q(x)) = \{y \mid y'' + p(x)y' + q(x)y = 0\}$$

とおく．すなわち常微分方程式 $y'' + p(x)y' + q(x)y = 0$ の解である関数をすべて集めてできる集合である．重ね合わせの原理は $\mathcal{V}(p, q)$ が線型空間 (ベクトル空間) の構造をもつことを意味している．

まずこの節では斉次かつ**定数係数**の場合を取り扱う．

4.1.1 特性方程式

例題 4.2 $y'' - 2y' - 3y = 0$ の一般解を求めよ．

解 y の係数に 3 があることに注意して

$$y'' - 2y' - 3y = y'' + y' - 3y' - 3y = (y'' + y') - 3(y' + y)$$

と書き直そう．ここで $z = y'' + y'$ とおくとこの常微分方程式は z についての変数分離形常微分方程式 $z' = 3z$ になるから $z = Ce^{3x}$ を得る．したがって $y' + y = Ce^{3x}$ となる．これは y についての線型常微分方程式なのでいままでに学んだ知識で解くことができる．まず同伴斉次常微分方程式 $y' + y = 0$ の一般解 $y = Ae^{-x}$ を求め定数変化法を用いて解けばよい．$y = A(x)e^{-x}$ を $y' + y = Ce^{3x}$ に代入すると $A'(x) = Ce^{4x}$ だから $A(x) = \dfrac{C}{4}e^{4x} + c_1$. 以上より

$$y = \left(\frac{C}{4}e^{4x} + c_1\right)e^{-x} = \frac{C}{4}e^{3x} + c_1 e^{-x} = c_1 e^{-x} + c_2 e^{3x}$$

が得られた ($C/4 = c_2$ と書き換えた). □

例題 4.3 $y'' - 2y' + y = 0$ の一般解を求めよ．

解 この場合は $(y' - y)' - (y' - y) = 0$ と書き直せるから，$z = y' - y$ とおいてもとの常微分方程式を $z' = z$ に書き直す．この常微分方程式の一般解は $z = Ce^x$. したがって $y' - y = Ce^x$ を解けばよい．$y = A(x)e^x$ を代入すると $A'(x) = C$ なので $A(x) = c_2 x + c_1$ が得られる．以上より $y = (c_2 x + c_1)e^x = c_1 e^x + c_2 x e^x$ を得る．□

さてこの二つの例から気づいたことはないだろうか.

2次方程式 $\lambda^2 + p\lambda + q = 0$ の解を α, β とすると
$$\lambda^2 + p\lambda + q = \lambda^2 - (\alpha+\beta)\lambda + \alpha\beta = (\lambda-\alpha)(\lambda-\beta)$$
と因数分解できる.

この事実を頭に入れて，常微分方程式 $y'' + py' + qy = 0$ を式変形しよう. 2次方程式 $\lambda^2 + p\lambda + q = 0$ が**実数解** α, β をもつ場合から考える.

$$0 = y'' + py' + qy = y'' - (\alpha+\beta)y' + \alpha\beta y$$
$$= (y'' - \alpha y') - \beta(y' - \alpha y) = (y' - \alpha y)' - \beta(y' - \alpha y)$$

と式変形されるので $z = y' - \alpha y$ とおこう. すると $z' = \beta z$ を得る. これの一般解は $z = Ce^{\beta x}$ である. 定数変化法を使う. $y = A(x)e^{\alpha x}$ とおいて $y' - \alpha y = Ce^{\beta x}$ に代入すると $A'(x) = Ce^{(\beta-\alpha)x}$ である.

- $\alpha \neq \beta$ のとき

$$A'(x) = \frac{C}{\beta - \alpha}e^{(\beta-\alpha)x} + c_1, \quad c_1 \in \mathbb{R}.$$

したがって $C/(\beta-\alpha) = c_2$ と書き換えて，一般解

$$y = c_1 e^{\alpha x} + c_2 e^{(\beta-\alpha)x}, \quad c_1, c_2 \in \mathbb{R}$$

が得られた.

- $\alpha = \beta$ のとき

$A'(x) = C$ より $A(x) = c_2 x + c_1$ なので,

$$y = A(x)e^{\alpha x} = (c_1 + c_2 x)e^{\alpha x} = c_1 e^{\alpha x} + c_2(x e^{\alpha x}), \quad c_1, c_2 \in \mathbb{R}$$

が得られた.

ここまでを整理しておこう.

定理 4.4　定数係数常微分方程式

$$y'' + py' + qy = 0$$

に対し，2次方程式 $\lambda^2 + p\lambda + q = 0$ をこの常微分方程式の**特性方程式**とよぶ. 特性方程式が実数解 α, β をもつとき一般解は次で与えられる.

(1) $\alpha \neq \beta$ のとき, $y = c_1 e^{\alpha x} + c_2 e^{\beta x}$, $c_1, c_2 \in \mathbb{R}$.

(2) $\alpha = \beta$ のとき, $y = c_1 e^{\alpha x} + c_2 (x e^{\alpha x})$, $c_1, c_2 \in \mathbb{R}$.

問題 4.5 微分方程式 $ay'' + by' + cy = 0$, (ただし $a \neq 0$, b, c は定数とする) が $y = e^{\alpha x}$, $y = xe^{\alpha x}$ の形の二つの解をもつための必要十分条件は, 2 次方程式 $a\lambda^2 + b\lambda + c = 0$ が重解をもつことである. この事実を証明せよ. [福岡教育大]

4.1.2 標準形への変換

特性方程式が虚数解をもつ場合はどうしたらよいだろうか. まず次の定義を行う.

定義 4.6 斉次の 2 階線型常微分方程式で $p = 0$ であるとき, つまり

$$y'' + q(x)y = 0 \tag{4.2}$$

の形であるとき, これを**標準形**とよぶ.

標準形ではない斉次常微分方程式

$$y'' + p(x)y' + q(x)y = 0$$

を変数変換で標準形に直せるかどうか検討する. $y = u(x)z(x)$ とおく.

$$y' = u'z + uz', \quad y'' = u''z + 2u'z' + uz''$$

を代入すると

$$uz'' + (2u' + pu)z' + (u'' + pu' + qu)z = 0$$

となる. z' の係数函数が 0 になるためには $u'(x) = -p(x)u(x)/2$ であればよい. これは u についての変数分離形常微分方程式 (例題 2.3). 解を一つ選ぶ. たとえば $u(x) = \exp\left(-\int p(x)\,\mathrm{d}x/2\right)$ と選べばよい. とくに p が**定数**のときは $u(x) = \exp(-px/2)$ と選べばよい. すると

$$u'' + pu' + qu = \left(q - \frac{1}{2}p' - \frac{p^2}{4}\right)u$$

となるから, もとの常微分方程式は

$$z'' + \left(q - \frac{1}{2}p' - \frac{p^2}{4}\right)z = 0$$

となる.

命題 4.7 斉次である線型常微分方程式 $y'' + p(x)y' + q(x)y = 0$ において $y = \exp\left(-\int p(x)\,dx/2\right)z$ とおけば標準形 $z'' + \left(q - \frac{1}{2}p' - \frac{p^2}{4}\right)z = 0$ に変換できる. とくに定数係数の場合は $z'' + \left(q - \frac{p^2}{4}\right)z = 0$ に変換できる.

そこで標準形の場合に一般解を求めてみよう.

例題 4.8 $\mu > 0$ を定数とする. $y'' = \mu^2 y$ の一般解を求めよ.

解 特性方程式は $\lambda^2 - \mu^2 = 0$ であるから, 実数解 $\pm\mu$ をもつ. したがって
$$y = c_1 e^{\mu x} + c_2 e^{-\mu x}, \quad c_1, c_2 \in \mathbb{R}$$
が一般解である. □

注意 双曲線函数を使ってみよう. $\cosh(\mu x) + \sinh(\mu x) = e^{\mu x}$, $\cosh(\mu x) - \sinh(\mu x) = e^{-\mu x}$ であるから $y'' = \mu^2 y$ の一般解は
$$y = c_1 e^{\mu x} + c_2 e^{-\mu x} = (c_1 + c_2)\cosh(\mu x) + (c_1 - c_2)\sinh(\mu x)$$
と書き換えられるので $c_1 + c_2$, $c_1 - c_2$ をそれぞれあらためて c_1, c_2 と書き直せば $y = c_1 \cosh(\mu x) + c_2 \sinh(\mu x)$ が一般解の式である.

例題 4.9 $\mu > 0$ を定数とする. $y'' = -\mu^2 y$ の一般解を求めよ.

解 この方程式の両辺に $2y'$ をかけてみる [1].
$$(2y')y'' = -\mu^2 (2yy')$$
左辺は $(y')^2$ の導函数, 右辺は y^2 の導函数であることに気づく.

1] $y' = 0 \Rightarrow y = 0$ に注意.

$$\{(y')^2\}' = (-\mu^2 y^2)'$$

この両辺を x で積分すると $(y')^2 = -\mu^2 y^2 + C$, (C は積分定数) を得る．この式は $C = (y')^2 + \mu^2 y^2$ と書き直せるから，$C = k^2$ ($k \geqq 0$) と表せる．$k = 0$ のときは $y = 0$ となることに注意．そこで以下 $k > 0$ としてよい．

$$(y')^2 = k^2 \left\{ 1 - \left(\frac{\mu}{k}y\right)^2 \right\}$$

と書き直せるから，$z = \mu y / k$ とおくと $(z')^2 = \mu^2 (1 - z^2)$ を得る．したがって z についての常微分方程式 $z' = \pm \mu \sqrt{1 - z^2}$ を得る．これは変数分離形．

$$\int \frac{dz}{\sqrt{1-z^2}} = \int \pm \mu \, dx$$

より $\sin^{-1} z = \pm \mu (x + c)$ を得る (c は積分定数)．これを書き換えて

$$y = \pm \frac{k}{\mu} \sin(\mu(x+c)).$$

加法定理を使うと $y = \pm \dfrac{k}{\mu} (\sin(\mu x) \cos(\mu c) + \cos(\mu x) \sin(\mu c))$ なので

$$y = c_1 \cos(\mu x) + c_2 \sin(\mu x), \quad c_1, c_2 \in \mathbb{R}$$

と表示できる．もちろん $y = 0$ は $c_1 = c_2 = 0$ の場合として含まれている．□

問題 4.10 例題 4.9 と同様にして $y'' = \mu^2 y$ の一般解を求めよ．

以上の観察を整理する．

定理 4.11 定数係数 2 階線型常微分方程式

$$y'' = -qy$$

の一般解は次で与えられる．

(1) $q = \mu^2 > 0$ のとき

$$y = c_1 \cos(\mu x) + c_2 \sin(\mu x), \quad c_1, c_2 \in \mathbb{R}.$$

(2) $q = -\mu^2 > 0$ のとき
$$y = c_1 \cosh(\mu x) + c_2 \sinh(\mu x), \quad c_1, c_2 \in \mathbb{R}.$$
この解は次のように書き直すこともできる：
$$y = \tilde{c}_1 e^{\mu x} + \tilde{c}_2 e^{-\mu x}, \quad \tilde{c}_1, \tilde{c}_2 \in \mathbb{R}.$$
(3) $q = 0$ のとき
$$y = c_1 x + c_2, \quad c_1, c_2 \in \mathbb{R}.$$

この定理を使うことで，特性方程式が虚数解をもつ場合にも対応できる．

例題 4.12 $y'' - 2y' + 5y = 0$ を標準形に直すことで解け．

解 特性方程式 $t^2 - 2t + 5 = 0$ の判別式は $D = 2^2 - 4 \times 5 < 0$ なので虚数解をもつ．そこで $z = e^x y$ とおくと標準形 $z'' = -2^2 z$ に直せるから，$z = c_1 \cos(2x) + c_2 \sin(2x)$．したがって
$$y = e^x(c_1 \cos(2x) + c_2 \sin(2x)), \quad c_1, c_2 \in \mathbb{R}. \qquad \square$$

一般の形に直した公式をつくっておく．$y'' + py' + q = 0$ において特性方程式が虚数解 $\alpha = a + bi, \beta = \bar{\alpha} = a - bi$ をもつとする．このとき $u(x) = \exp(-px/2) = e^{-ax}$ を用いて $z = uy = e^{-ax} y$ とおけば z は標準形の常微分方程式 $z'' = (p^2/4 - q)z = -b^2 z$ を満たすから $z = c_1 \cos(bx) + c_2 \sin(bx)$ が一般解．ゆえに $y = e^{ax}(c_1 \cos(bx) + c_2 \sin(bx))$ が得られた．

系 4.13 定数係数常微分方程式 $y'' + py' + qy = 0$ の特性方程式の解を α, β とする．この常微分方程式の一般解は次で与えられる．
(1) $\alpha \neq \beta$ を満たす実数解のとき，$y = c_1 e^{\alpha x} + c_2 e^{\beta x}, \ c_1, c_2 \in \mathbb{R}$.
(2) $\alpha = \beta$ を満たす実数解のとき，$y = c_1 e^{\alpha x} + c_2(x e^{\alpha x}), \ c_1, c_2 \in \mathbb{R}$.
(3) 虚数解 $\alpha = a + bi, \beta = a - bi$ のとき，$y = e^{ax}(c_1 \cos(bx) + c_2 \sin(bx)), c_1, c_2 \in \mathbb{R}$.

それぞれの場合に $\{e^{\alpha x}, e^{\beta x}\}$, $\{e^{\alpha x}, xe^{\alpha x}\}$, $\{e^{ax}\cos(bx), e^{\alpha x}\sin(bx)\}$ を**基本解**とよぶ．

4.2 オイラーの公式

微分積分学でテイラー級数を学んだ読者向けの解法を説明しよう (未習の読者は例 6.6 参照)．指数函数 e^x は

$$e^x = \sum_{n=0}^{\infty} \frac{x^n}{n!} = 1 + \frac{x}{1!} + \frac{x^2}{2!} + \cdots + \frac{x^n}{n!} + \cdots$$

と展開できた．この級数展開を利用して e^{ix} (i は虚数単位) を計算してみよう．$i^2 = -1$ だから，$i^{2n} = (-1)^n$, $i^{2n+1} = (-1)^n i$ である．

$$e^{ix} = \sum_{n=0}^{\infty} \frac{(ix)^n}{n!} = \sum_{n=0}^{\infty} \frac{(ix)^{2n}}{(2n)!} + \sum_{n=0}^{\infty} \frac{(ix)^{2n+1}}{(2n+1)!}$$

と (偶数冪だけの和)+(奇数冪だけの和) に分解しておく．ここに $i^{2n} = (-1)^n$, $i^{2n+1} = (-1)^n i$ を代入すると [2]

$$e^{ix} = \sum_{n=0}^{\infty} \frac{(ix)^n}{n!} = \sum_{n=0}^{\infty} (-1)^n \frac{x^{2n}}{(2n)!} + i\sum_{n=0}^{\infty} (-1)^n \frac{x^{2n+1}}{(2n+1)!}$$

となる．ここで余弦函数と正弦函数のテイラー級数展開を思い出そう (未習の読者は例 6.7, 6.8 を参照)．

$$\cos x = \sum_{n=0}^{\infty} (-1)^n \frac{x^{2n}}{(2n)!} = 1 - \frac{x^2}{2!} + \frac{x^4}{4!} - \cdots + (-1)^n \frac{x^{2n}}{2n!} + \cdots$$

$$\sin x = \sum_{n=0}^{\infty} (-1)^n \frac{x^{2n+1}}{(2n+1)!} = \frac{x}{1!} - \frac{x^3}{3!} + \frac{x^5}{5!} - \cdots + (-1)^n \frac{x^{2n+1}}{(2n+1)!} + \cdots$$

これらと e^{ix} を比較すると

$$e^{ix} = \cos x + i \sin x$$

を得る．これを**オイラーの公式**とよぶ．

オイラーの公式を用いると，複素数 $z = x + yi$ に対し e^z を定めることができ

---

[2] テイラー級数に複素数を代入して計算することの厳密な定式化は「複素函数論」で学ぶ．

る．実際，指数法則がそのまま使えることを要請して
$$e^z = e^{x+yi} = e^x e^{yi} = e^x(\cos y + i \sin y)$$
とすればよい．

オイラーの公式を利用して $y'' + qy = 0$ (ただし $q \neq 0$) の解を表示してみよう．まず
$$e^{ix} + e^{-ix} = (\cos x + i\sin x) + (\cos x - i\sin x) = 2\cos x$$
$$e^{ix} - e^{-ix} = (\cos x + i\sin x) - (\cos x - i\sin x) = 2i\sin x$$
であることに注意する．

- $q = -\mu^2 < 0$ のときは $y = c_1 e^{\mu x} + c_2 e^{-\mu x}$．
- $q = \mu^2 > 0$ のときは $y = c_1 \cos(\mu x) + c_2 \sin(\mu x)$ に $\cos(\mu x) = (e^{i\mu x} + e^{-i\mu x})/2$, $\sin x = (e^{i\mu x} - e^{-i\mu x})/(2i)$ を代入してやると
$$y = \frac{c_1 - ic_2}{2} e^{i\mu x} + \frac{c_1 + ic_2}{2} e^{-i\mu x}$$
と書き直せる．

系 4.14 定数係数 2 階線型常微分方程式
$$y'' = -qy, \quad q \neq 0$$
の一般解は次で与えられる．

(1) $q = \mu^2 > 0$ のとき
$$y = c\,e^{i\mu x} + \bar{c}\,e^{-i\mu x}, \quad c \in \mathbb{C}.$$
ここで $\bar{c}$ は c の共軛複素数を表す[3]．

(2) $q = -\mu^2 > 0$ のとき
$$y = c_1 e^{\mu x} + c_2 e^{-\mu x}, \quad c_1, c_2 \in \mathbb{R}.$$

この系を一般形に書き直しておこう．

3] 複素数 $z = x + yi$ に対し $x - yi$ を z の共軛複素数といい $\bar{z}$ で表す．

系 4.15 定数係数常微分方程式
$$y'' + py' + qy = 0$$
の特性方程式の解を α, β とする．この常微分方程式の一般解は次で与えられる．
(1) $\alpha \neq \beta$ を満たす実数解のとき，$y = c_1 e^{\alpha x} + c_2 e^{\beta x}$, $c_1, c_2 \in \mathbb{R}$．
(2) $\alpha = \beta$ を満たす実数解のとき，$y = c_1 e^{\alpha x} + c_2 (x e^{\alpha x})$, $c_1, c_2 \in \mathbb{R}$．
(3) 虚数解 $\alpha, \beta = \bar{\alpha}$ のとき，$y = c e^{\alpha x} + \bar{c} e^{\bar{\alpha} x}$, $c \in \mathbb{C}$．

4.3 力学への応用

例 4.16 単振動 水平面でバネの一端を固定する．もう一方の端に結ばれた質量 m の質点の運動を考察する．バネの伸びが小さいとき，バネの力はバネの伸びに比例する (**フックの法則**[4])．バネの力がちょうどなくなる点 (平衡点) を原点としバネの伸びる向きを正として x 軸を引くと，質点の位置 $x(t)$ は運動方程式
$$m\ddot{x}(t) = -kx(t)$$
に従う．正の定数 k は**バネ定数**とよばれる．この運動方程式を**単振動の方程式**とよぶ．単振動の方程式の初期条件 $x(0) = x_0, \dot{x}(0) = v_0$ を満たす解を求めよう．まず $\ddot{x}(t) = -(k/m)x(t)$ であるから $x(t) = c_1 \cos(\omega t) + c_2 \sin(\omega t)$ と求められる．ただし $\omega = \sqrt{k/m}$．これを**角振動数** (または**角周波数**) とよぶ．$\dot{x}(t) = -c_1 \sin(\omega t) + c_2 \omega \cos(\omega t)$ であるから初期条件は
$$x_0 = x(0) = c_1, \quad v_0 = \dot{x}(0) = c_2 \omega$$

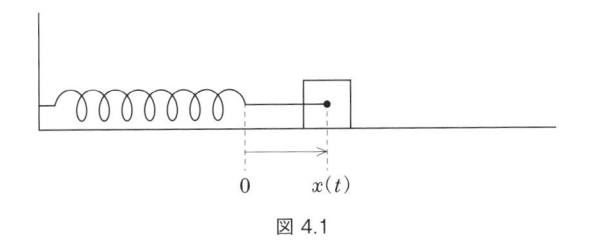

図 4.1

4] Robert Hooke (1635–1703)，『復元力についての講義』(1678) に，1660 年ごろにこの事実を発見していたと記載されている．

を意味する．したがって求める解は

$$x(t) = x_0 \cos(\omega t) + \frac{v_0}{\omega} \sin(\omega t)$$

で与えられる．この解 $x(t)$ は周期 $T = 2\pi/\omega$ をもつ周期関数である[5]．$x(t)$ は三角関数の合成を使って

$$x(t) = A \sin(\omega t + \delta), \quad A = \sqrt{x_0^2 + (v_0/\omega)^2}, \quad \cos\delta = \frac{x_0}{A}, \quad \sin\delta = \frac{v_0}{\omega A} \quad (4.3)$$

と書き直せる．A を振幅，δ を初期位相とよぶ．

注意 解の一意性 常微分方程式の解の一意性 (定理 C.1) を使って「三角関数の合成」を導くことができる．$x_1(t) = a \cos(\omega t) + b \sin(\omega t)$ は常微分方程式 $\ddot{x}(t) = -\omega^2 x(t)$ を満たす．初期条件は $x_1(0) = a, \dot{x}_1(0) = b\omega$ である．一方，$x_2(t) = A \sin(\omega t + \delta)$ とおくと x_2 も同じ常微分方程式を満たす．初期条件は $x_2(0) = A \sin\delta, \dot{x}_2(0) = \omega A \cos\delta$ である．同じ常微分方程式 $\ddot{x}(t) = -\omega^2 x(t)$ を満たす二つの関数 x_1 と x_2 が同じ初期条件を満たせば $x_1 = x_2$ である (解の一意性)．ところで

$$x_1(0) = x_2(0) \iff A \sin\delta = a,$$
$$\dot{x}_1(0) = \dot{x}_2(0) \iff A \cos\delta = b$$

より

$$A = \sqrt{a^2 + b^2}, \quad \sin\delta = \frac{a}{A}, \quad \cos\delta = \frac{b}{A}$$

を得る．とくに $\omega = 1$ と選ぶと高等学校で学ぶ三角関数の合成公式

$$a \cos t + b \sin t = \sqrt{a^2 + b^2} \sin(t + \delta), \quad \cos\delta = \frac{a}{A}, \quad \sin\delta = \frac{b}{A}$$

が得られる．

例題 4.17 質量 m のおもりを長さ ℓ の棒によってつり下げた振り子[6]を考える．おもりは支点を中心とする半径 ℓ の円周上を動く．支点を O, O から引いた鉛直線と円周の交点を A とする．おもりが時刻 t において鉛直方向となす角を $\theta = \theta(t)$ とする．ただし時間はおもりが点 A にあるときから測る．接線方向の外力の大きさは $mg \sin\theta$．弧の長さは $\ell\theta$ であるから運動方程式は

---

[5] つまり，どんな t についても $x(t+T) = x(t)$ が成り立つということ．
[6] 物体の大きさやひもの重さや伸びを無視して理想化したもの．

$$m\frac{\mathrm{d}^2}{\mathrm{d}t^2}(\ell\theta) = -mg\sin\theta$$

で与えられる．θ が小さいとして $\sin\theta \fallingdotseq \theta$ と近似すると上の微分方程式は

$$\frac{\mathrm{d}^2\theta}{\mathrm{d}t^2} = -\frac{g}{\ell}\theta$$

となる．この方程式を用いて振り子の周期を求め，周期が振幅に関係ないこと (振り子の**等時性**) を示せ．

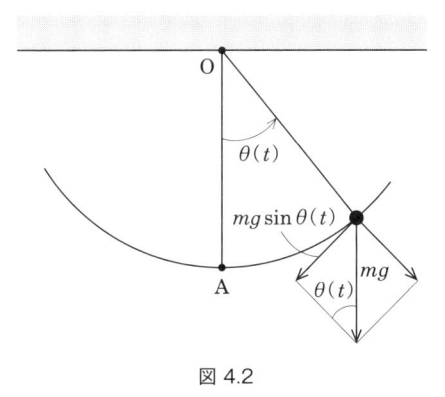

図 4.2

解 $\ddot{\theta} = -(g/\ell)\theta$ より

$$\theta(t) = c_1\cos(\omega t) + c_2\sin(\omega t), \quad \omega = \sqrt{g/\ell}.$$

時刻 $t=0$ における角速度を $\omega_0 > 0$ とすると初期条件 $\theta(0) = 0$ と $\dot{\theta}(0) = \omega_0$ より

$$\theta(t) = \sqrt{\frac{\ell}{g}}\omega_0\sin\left(\sqrt{\frac{g}{\ell}}t\right).$$

よって周期 T と振幅 A はそれぞれ

$$T = 2\pi\sqrt{\frac{\ell}{g}}, \quad A = \sqrt{\frac{\ell}{g}}\omega_0$$

なので等時性が成り立つ[7]． □

例題 4.18 速度に比例した抵抗があるときにバネ振動の運動方程式は $\ddot{x}(t) + \nu\dot{x}(t) + \omega^2 x(t) = 0$ で与えられる．これを初期条件 $x(0) = x_0$, $\dot{x}(0) = 0$ の下で解け．

解 特性方程式は $\lambda^2 + \nu\lambda + \omega^2 = 0$ である．判別式は $\nu^2 - 4\omega^2$ であるから

- $\nu^2 - 4\omega^2 < 0$ のとき：

特性方程式の解は $-\dfrac{\nu}{2} \pm i\Omega$, $\Omega = \sqrt{\omega^2 - \dfrac{\nu^2}{4}}$．一般解は

$$x(t) = (a\cos(\Omega t) + b\sin(\Omega t))e^{-\nu t/2}$$

であり，初期条件より $x = x_0\left(\cos(\Omega t) + \dfrac{\nu}{2\Omega}\sin(\Omega t)\right)e^{-\nu t/2}$ となる．$2\pi/\Omega$ を周期としながら減衰していく (**減衰振動**)．

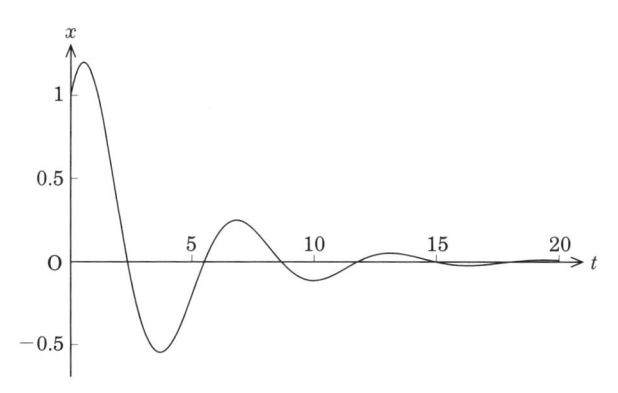

図 4.3 減衰振動 ($\nu = 1/2$, $\omega = \sqrt{17}/4$, $x_0 = 2$)

- $\nu^2 - 4\omega^2 = 0$ のとき：

一般解は $x(t) = (a + bt)e^{-\nu t/2}$．初期条件より $x(t) = x_0\left(1 + \dfrac{\nu}{2}t\right)e^{-\nu t/2}$ を得る．このとき振動せずに減衰する (**臨界減衰**という)．

---

[7] 振り子の振れ (振幅) が大きい場合，つまり $\sin\theta \simeq \theta$ という近似を行えない場合の運動方程式の解は楕円函数を用いて表示することができる．等時性は成り立たたないことがわかる．振れの大きな振り子で等時性が成り立つものはサイクロイドを描くことが知られている．サイクロイドは 8.2 節にも登場する．

図 4.4　臨界減衰 ($\nu = 1/2$, $\omega = 1/4$, $x_0 = 2$)

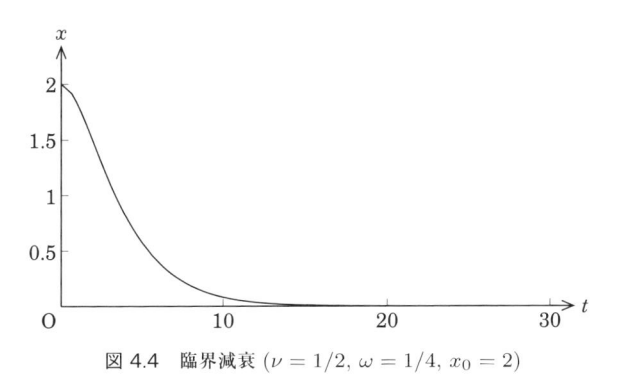

- $\nu^2 - 4\omega^2 > 0$ のとき：

特性方程式の解は $\lambda_\pm = -\dfrac{\nu}{2} \pm \gamma$, $\gamma := \sqrt{\dfrac{\nu^2}{4} - \omega^2}$ であるから $x(t) = (ae^{\gamma t} + be^{-\gamma t})e^{-\nu t/2}$ である．初期条件より

$$x_0 = x(0) = a + b, \quad 0 = \dot{x}(0) = (a - b)\gamma - \dfrac{\nu}{2}(a + b)$$

なので $x(t) = x_0 \left\{ \cosh(\gamma t) + \dfrac{\nu}{2\gamma} \sinh(\gamma t) \right\} e^{-\gamma t/2}$. **過減衰**とよばれる．□

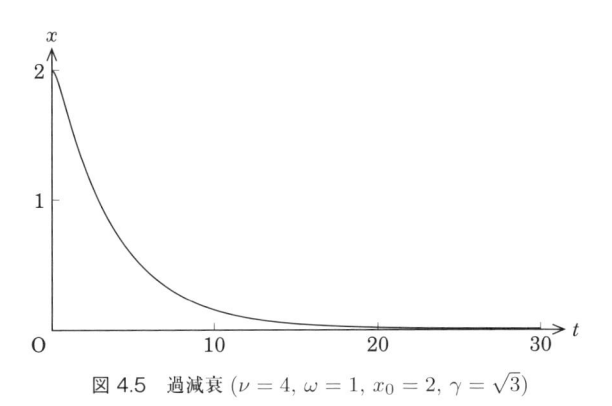

図 4.5　過減衰 ($\nu = 4$, $\omega = 1$, $x_0 = 2$, $\gamma = \sqrt{3}$)

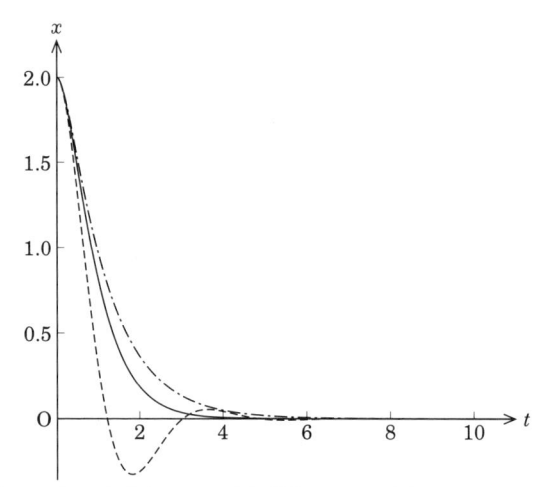

図 4.6 同じ角速度 $\omega = 1$ と初期値 $x_0 = 2$ をもつ場合. ─·─ 過減衰 ($\nu = 5$), ─── 臨界減衰 ($\nu = 4$), ---- 減衰振動 ($\nu = 2$).

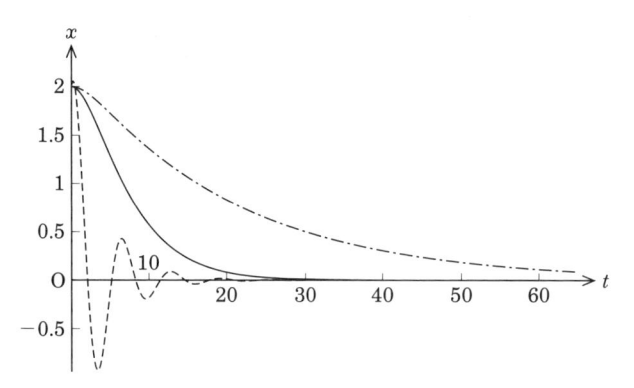

図 4.7 同じ抵抗 $\nu = 1/2$ と初期値 $x_0 = 2$ をもつ場合. ─·─ 過減衰 ($\omega = 3/20$), ─── 臨界減衰 ($\omega = 1/4$), ---- 減衰振動 ($\omega = \sqrt{17}/4$).

4.4 定数係数非斉次のとき

定数係数の線型常微分方程式 $y'' + py' + qy = r(x)$ の解を求めるにはどうしたらよいだろうか. 1 階線型常微分方程式 $y' + p(x)y = q(x)$ の一般解は特殊解 y_0 と同伴する斉次部分方程式の一般解 y_1 の和で与えられた. 実は 2 階のときも同じことが言える.

定理 4.19 定数係数線型常微分方程式 $y'' + py' + qy = r(x)$ の解 y は特殊解 y_0 と斉次微分方程式 $y'' + py' + qy = 0$ の一般解 y_1 の和 $y = y_0 + y_1$ で与えられる.

証明 $y'' + py'' + qy = (y_0'' + py_0'' + qy_0) + (y_1'' + py_1'' + qy_1) = r$ より確かに y は解. y_1 は二つの任意定数を含むので y は $y'' + py' + qy = 0$ の一般解である. ■

したがって特殊解を何らかの方法で求めればよいことが言えた. 特殊解を求めるには方程式ごとに工夫が必要である. 実例をみて工夫を修得してほしい.

例題 4.20 $y'' - 2y' + 2y = x^2 - 1$ を解け.

解 斉次方程式 $y'' - 2y' + 2y = 0$ の基本解は $\{e^x \cos x, e^x \sin x\}$ である. 特殊解を探す. $2y, y', y''$ を求めて $y'' - 2y' + 2y$ を計算すると $x^2 - 1$ になるのだから y は x の多項式. もし y が x の n 次式なら y'' は $n-2$ 次式になることに注意しよう. $2y$ が一番次数が高いから, $2y$ の先頭は x^2 のはず. そこで $y = \frac{1}{2}x^2 + ax + b$ とおいて, もとの微分方程式に代入してみよう.

$$\begin{aligned} x^2 - 1 &= y'' - 2y' + 2y \\ &= \left(\frac{1}{2}x^2 + ax + b\right)'' - 2\left(\frac{1}{2}x^2 + ax + b\right)' + 2\left(\frac{1}{2}x^2 + ax + b\right) \\ &= x^2 + 2(a-1)x + (2b - 2a + 1) \end{aligned}$$

より $a = 1, b = 0$. したがって $y = \frac{1}{2}x^2 + x$ が特解として求められたので一般解は

$$y = \frac{1}{2}x^2 + x + c_1 e^x \cos x + c_2 \sin x, \quad c_1, c_2 \in \mathbb{R}. \qquad \square$$

例題 4.21 $y'' - (\alpha+\beta)y' + \alpha\beta y = e^{\gamma x}$ を解け．ただし，$\alpha,\beta \in \mathbb{R}$．

解 (1) γ が α とも β とも等しくないとき：
特殊解を求めよう．$y = Ce^{\gamma x}$ とおいてもとの微分方程式に代入してみると
$$e^{\gamma x} = (Ce^{\gamma x})'' - (\alpha+\beta)(Ce^{\gamma x})' + \alpha\beta(Ce^{\gamma x})$$
$$= C(\gamma^2 - (\alpha+\beta)\gamma + \alpha\beta)e^{\gamma x} = C(\gamma-\alpha)(\gamma-\beta)e^{\gamma x}$$
より $C = 1/\{(\gamma-\alpha)(\gamma-\beta)\}$．したがって一般解は
- α, β, γ が相異なるとき：
$$y = c_1 e^{\alpha x} + c_2 e^{\beta x} + \frac{1}{(\gamma-\alpha)(\gamma-\beta)} e^{\gamma x}, \quad c_1, c_2 \in \mathbb{R}.$$
- $\alpha = \beta \neq \gamma$ のとき：
$$y = c_1 e^{\alpha x} + c_2(xe^{\alpha x}) + \frac{1}{(\gamma-\alpha)^2} e^{\gamma x}, \quad c_1, c_2 \in \mathbb{R}.$$

(2) $\alpha \neq \beta$ だが $\alpha = \gamma$ (または $\beta = \gamma$) のとき：

$\alpha \neq \beta$ だが $\alpha = \gamma$ の場合を考えておく．このとき特殊解 y を $y = Ce^{\gamma x}$ とおいてもうまくいかない．実際，$y = Ce^{\gamma x} = e^{\alpha x}$ とおくと $y'' - (\alpha+\beta)y' + \alpha\beta y = 0$ となってしまう．そこで $y = Cxe^{\alpha x}$ とおいてみると
$$e^{\alpha x} = y'' - (\alpha+\beta)y' + \alpha\beta y$$
$$= (Cxe^{\alpha x})'' - (\alpha+\beta)(Cxe^{\alpha x})' + \alpha\beta(Cxe^{\alpha x})$$
$$= C\{\alpha^2 x + 2\alpha - (\alpha+\beta)(\alpha x + 1) + \alpha\beta x\}e^{\alpha x}$$
$$= C(\alpha-\beta)e^{\alpha x}$$
より $C = 1/(\alpha-\beta)$ を得るので一般解は
$$y = c_1 e^{\alpha x} + \left(\frac{1}{\alpha-\beta} + c_2\right) xe^{\alpha x}, \quad c_1, c_2 \in \mathbb{R}.$$

(3) $\alpha = \beta = \gamma$ のとき：

斉次方程式の基本解は $e^{\alpha x}, xe^{\alpha x}$ であるから $y = Cx^2 e^{\gamma x}$ とおいてもとの微分方程式に代入してみると
$$e^{\gamma x} = 2Ce^{\gamma x} + \{4\gamma - 2(\alpha+\beta)\}Cxe^{\gamma x} + (\gamma^2 - (\alpha+\beta)\gamma + \alpha\beta)Cx^2 e^{\gamma x}.$$

$\alpha = \beta = \gamma$ より $e^{\alpha x} = 2Ce^{\alpha x}$ を得る．したがって $C = 1/2$．一般解は
$$y = \frac{1}{2}x^2 e^{\alpha x} + c_1 e^{\alpha x} + c_2 x e^{\alpha x}, \quad c_1, c_2 \in \mathbb{R}.$$
□

問題 4.22

$$y'' - y' - 2y = e^x \tag{4.4}$$

の特殊解を求めよ．

例題 4.23 $y'' + a^2 y = k\sin(bx)$ を解け．

解 斉次方程式の基本解は $\{\cos(ax), \sin(ax)\}$．$a^2 \neq b^2$ ならば $\cos(bx)$ も $\sin(bx)$ も斉次方程式の基本解にならない．

(1) $a^2 \neq b^2$ のとき：

$y = A\cos(bx) + B\sin(bx)$ とおいて微分方程式に代入してみよう．

$$y'' + a^2 y = (a^2 - b^2)(A\cos(bx) + B\sin(bx)) = k\sin(bx)$$

であるから $A = 0, B = k/(a^2 - b^2)$．したがって一般解は

$$y = \frac{k}{a^2 - b^2}\sin(bx) + c_1 \cos(ax) + c_2 \sin(ax), \quad c_1, c_2 \in \mathbb{R}.$$

(2) $a^2 = b^2$ のとき：

$A, B \in \mathbb{R}$ とし，$y = x(A\cos(bx) + B\sin(bx))$ とおいて，もとの微分方程式に代入してみると

$$\begin{aligned}
k\sin(bx) &= y'' + a^2 y \\
&= 2b(B\cos(bx) - A\sin(bx)) + (a^2 - b^2)(\cos(bx) + B\sin(bx))x \\
&= 2b(B\cos(bx) - A\sin(bx))
\end{aligned}$$

であるから $A = -k/(2b), B = 0$．したがって一般解は

$$y = -\frac{k}{2b} x\cos(bx) + c_1 \cos(ax) + c_2 \sin(ax), \quad c_1, c_2 \in \mathbb{R}.$$

同様にして $y'' + a^2 y = k\cos(bx)$ の一般解は

(1) $a^2 \neq b^2$ のとき：

$$y = \frac{k}{a^2 - b^2}\cos(bx) + c_1\cos(ax) + c_2\sin(ax), \quad c_1, c_2 \in \mathbb{R}.$$

(2) $a^2 = b^2$ のとき：

$$y = \frac{k}{2b}x\sin(bx) + c_1\cos(ax) + c_2\sin(ax), \quad c_1, c_2 \in \mathbb{R}. \qquad \square$$

問題 4.24 $y'' - 2y' + 2y = e^x \cos x$ の一般解を求めよ．

例題 4.25 **強制振動** 例題 4.18 で扱った抵抗のあるバネ振動に外力 f が働いたときの運動を**強制振動**という．運動方程式は $\ddot{x}(t) + \nu\dot{x}(t) + \omega^2 x(t) = f(x(t))/m$ で与えられる．抵抗がなく ($\nu = 0$)，振動する外力 $f(x(t)) = f_0 \cos(\alpha t)$ が働く場合を調べよ．ただし $\alpha > 0$ とする．

解 例題 4.23 の結果を用いると

(1) $\omega \neq \alpha$ のとき：

$$x(t) = \frac{f_0}{m(\omega^2 - \alpha^2)}\cos(\alpha t) + c_1\cos(\omega t) + c_2\sin(\omega t), \quad c_1, c_2 \in \mathbb{R}.$$

(2) $\omega = \alpha$ のとき：

$$x(t) = \frac{f_0}{2\omega m}t\sin(\omega t) + c_1\cos(\omega t) + c_2\sin(\omega t), \quad c_1, c_2 \in \mathbb{R}.$$

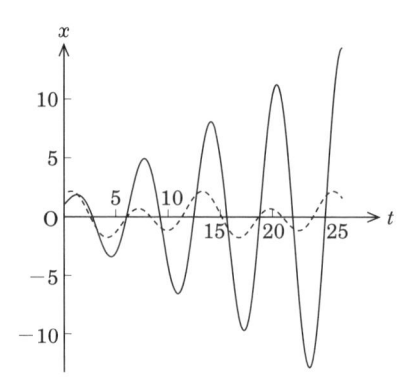

図 4.8 強制振動．$f_0 = m = \omega = 1$, $\alpha = 1/2$ (破線) と $\alpha = 1$ (実線)．$\alpha = 1$ のときは共振している．

$\omega = \alpha$ のとき t が大きくなると振幅もそれにつれて限りなく大きくなる. この現象は**共振**とよばれている. 共振が原因で起こったとされる災害で有名なものにタコマ橋 (Tacoma Narrow Bridge, アメリカ, 1940 年 11 月 7 日) の崩壊がある[8].

□

例題 4.26 **電気振動** インダクタンス L のコイル, 容量 C のコンデンサー, 抵抗値 R の抵抗をつないだ回路 (RLC 回路) に電源をつないだとき, 回路を流れる電流 $I = I(t)$ は連立常微分方程式

$$\begin{cases} L\dot{I}(t) + RI(t) + \dfrac{Q(t)}{C} = E(t) \\ \dot{Q}(t) = I(t) \end{cases}$$

を満たす. ここで $E(t)$ は電源の起電力, $Q(t)$ はコンデンサーに誘起される電荷を表す.

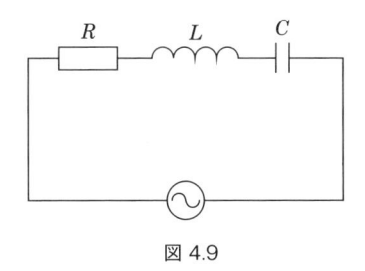

図 4.9

解 上の方の常微分方程式を t で微分すると

$$L\ddot{I}(t) + R\dot{I}(t) + \frac{1}{C}\dot{Q}(t) = \dot{E}(t).$$

8] 他にもブロートン吊り橋 (イギリス, 1831 年) やアンガー吊り橋 (フランス, 1850 年) の崩壊も知られている. どちらも兵士の歩調をそろえた行進のリズムが共振を引き起こした. アンガー吊り橋では峡谷に転落した兵士 226 名が死亡した. 自動車や航空機の設計など機械工学では共振を避ける工夫をする (α と ω が一致することがないよう設計を考える). 一致を避けられないときは減衰が強く働く装置 (減衰器, ダンパー) を準備する (R. ビショップ『振動とはなにか』(講談社ブルーバックス, 1981) (原著第 2 版, 1979).

これを次のように書き直す.
$$\ddot{I}(t) + \frac{R}{L}\dot{I}(t) + \frac{1}{CL}I(t) = \frac{1}{L}\dot{E}(t).$$
これは $I(t)$ に関する定数係数の 2 階線型常微分方程式.

- E が一定の場合:

  斉次常微分方程式 $\ddot{I}(t) + \frac{R}{L}\dot{I}(t) + \frac{1}{CL}I(t) = 0$ を解けばよい. 特性方程式は $\lambda^2 + \frac{R}{L}\lambda + \frac{1}{LC} = 0$ であり
  $$-\frac{R}{L} \pm \frac{R}{2L}\sqrt{1 - \frac{4L}{R^2C}}$$
  を解にもつ. そこで
  $$\alpha = \frac{R}{L}, \quad \beta = \frac{R}{2L}\sqrt{1 - \frac{4L}{R^2C}}$$
  とおく. すなわち $\lambda = -\alpha \pm \beta$.
  * $R^2 - 4L/C > 0$ のとき, $I(t) = c_1 e^{(-\alpha+\beta)t} + c_2 e^{-(\alpha+\beta)t}$.
  * $R^2 - 4L/C = 0$ のとき, $I(t) = c_1 e^{-Rt/(2L)} + c_2 t e^{-Rt/(2L)}$.
  * $R^2 - 4L/C < 0$ のとき, $I(t) = e^{-\alpha t}\{c_1 \cos(\beta t) + c_2 \sin(\beta t)\}$.

- E が定数でないとき:

  ここでは $E(t) = \sin t$ の場合を扱っておこう. 特殊解を探す. $I(t) = a\cos t + b\sin t$ とおいて
  $$\ddot{I}(t) + \frac{R}{L}\dot{I}(t) + \frac{1}{CL}I(t) = \frac{1}{L}\dot{E}(t).$$
  に代入すると
  $$\left(-a + \frac{bR}{L} + \frac{a}{CL}\right)\cos t + \left(-b - \frac{aR}{L} + \frac{b}{CL}\right)\sin t = \frac{1}{L}\cos t$$
  を得る. すなわち
  $$-aCL + bRC + a = C, \quad -bCL - aCR + b = 0.$$
  これを a, b について解くと
  $$a = \frac{C(1-CL)}{(1-CL)^2 + R^2C^2}, \quad b = \frac{RC^2}{(1-CL)^2 + R^2C^2}.$$
  したがって

$$\frac{1}{(1-CL)^2 + R^2C^2} \left\{ C(1-CL)\cos t + RC^2 \sin t \right\}$$

が特殊解として求められた. □

4.5 ロンスキー行列式

いままで定数係数の場合を扱ってきた．変数係数の場合はどのように考えたらよいだろうか．まずこの節では基本解について説明する．

定義 4.27 区間 I 上で定義された二つの函数 $f(x)$ と $g(x)$ が次の条件を満たすとき f と g は I 上で**線型独立**であるという．定数 α, β に対し

$$\alpha f(x) + \beta g(x) = 0$$

をすべての $x \in I$ に対し満たすならば $\alpha = \beta = 0$.

定義 4.28 基本解 線型常微分方程式 $y'' + p(x)y' + q(x)y = 0$ の二つの解 y_1 と y_2 が線型独立であるとき組 $\{y_1, y_2\}$ をこの常微分方程式の**基本解** (解の基本系) であるという．

2 階線型常微分方程式の二つの解が線型独立か否かを判定する方法を説明しよう．

定義 4.29 区間 I で定義された微分可能な函数 f と g に対し I 上の函数 $W(f,g)$ を

$$W(f,g)(x) = f(x)g'(x) - f'(x)g(x)$$

で定め，組 $\{f,g\}$ の**ロンスキアン** (Wronskian) とよぶ.

線型代数からの注意 線型代数で学ぶ行列式を使って

$$W = \begin{vmatrix} f & f' \\ g & g' \end{vmatrix} = \begin{vmatrix} f & g \\ f' & g' \end{vmatrix}$$

と表すことができるため，$W(f,g)$ を**ロンスキー行列式**ともよぶ．

命題 4.30 y_1, y_2 が2階線型常微分方程式

$$y'' + p(x)y' + q(x)y = 0$$

の解であり，$W(y_1, y_2) \neq 0$ であれば $\{y_1, y_2\}$ はこの線型常微分方程式の基本解である．さらにこの線型常微分方程式の一般解は y_1 と y_2 を用いて $y = c_1 y_1 + c_2 y_2$ ($c_1, c_2 \in \mathbb{R}$) で与えられる．

証明 $W(y_1, y_2) \neq 0$ を満たす解 y_1 と y_2 に対し方程式 $\alpha y_1 + \beta y_2 = 0$ を考える．α と β は定数だから $\alpha y_1' + \beta y_2' = 0$ を得る．したがって α, β は連立方程式

$$\begin{cases} y_1 \alpha + y_2 \beta = 0 \\ y_1' \alpha + y_2' \beta = 0 \end{cases}$$

の解である．「上の式 $\times y_2'$ − 下の式 $\times y_2$」を計算すると $W(y_1, y_2)\alpha = 0$ を得る．同様に「上の式 $\times y_1'$ − 下の式 $\times y_1$」を計算すると $W(y_1, y_2)\beta = 0$ を得るので，仮定 $W(y_1, y_2) \neq 0$ よりこの方程式の解は $\alpha = \beta = 0$ に限る．したがって $\{y_1, y_2\}$ は基本解である[9]．

この線型常微分方程式の任意の解 (勝手に選んだ解) y_3 が y_1 と y_2 の**線型結合で表せること**[10]を証明する．y_1, y_2, y_3 は解であるから次を満たす．

$$y_1'' + p(x)y_1' + q(x)y_1 = 0 \tag{4.5}$$

$$y_2'' + p(x)y_2' + q(x)y_2 = 0 \tag{4.6}$$

$$y_3'' + p(x)y_3' + q(x)y_3 = 0 \tag{4.7}$$

(4.6) と (4.7) から $q(x)$ を消去すると

$$(y_2'' y_3 - y_2 y_3'') + p(x)(y_2' y_3 - y_2 y_3') = 0$$

すなわち

$$(y_2' y_3 - y_2 y_3')' + p(x)(y_2' y_3 - y_2 y_3') = 0$$

---

[9] 線型代数をすでに学んだ読者向けの説明：この連立方程式は行列を使って

$$\begin{pmatrix} y_1 & y_2 \\ y_1' & y_2' \end{pmatrix} \begin{pmatrix} \alpha \\ \beta \end{pmatrix} = \begin{pmatrix} 0 \\ 0 \end{pmatrix}$$

と表せる．$W(y_1, y_2) \neq 0$ よりこの方程式の解は $\alpha = \beta = 0$ に限る．

[10]すなわち，定数 c_1, c_2 を用いて $y_3 = c_1 y_1 + c_2 y_2$ と表せること．

を得る．$z = y_2' y_3 - y_2 y_3'$ とおくと $z' + p(x)z = 0$ と書き換えられる．これは線型常微分方程式なので解けて

$$z = y_2' y_3 - y_2 y_3' = K_1 \exp\left(-\int p(x)\,\mathrm{d}x\right), \quad K_1 \in \mathbb{R}$$

を得る．同様にして

$$y_3' y_1 - y_3 y_1' = K_2 \exp\left(-\int p(x)\,\mathrm{d}x\right), \quad y_1' y_2 - y_1 y_2' = K_3 \exp\left(-\int p(x)\,\mathrm{d}x\right)$$

を得る $(K_2, K_3 \in \mathbb{R})$．これらの式から

$$(K_1 y_1 + K_2 y_2 + K_3 y_3) \exp\left(-\int p(x)\,\mathrm{d}x\right) = 0$$

が導ける．仮定「$W(y_1, y_2) \neq 0$」より $K_3 \neq 0$ であるから

$$y_3 = -\frac{K_1}{K_3} y_1 - \frac{K_2}{K_3} y_2$$

と表せることが示せた． ■

注意 区間 I 上で定義された微分可能な函数 f と g が I 上で $W(f, g) \neq 0$ を満たせば f と g は I 上で線型独立であるが，逆はかならずしも成立しない．反例を挙げる．

$$f(x) = \begin{cases} 0 & (x < 0) \\ x^2 & (x \geqq 0) \end{cases}, \quad g(x) = \begin{cases} x^2 & (x < 0) \\ 0 & (x \geqq 0) \end{cases}$$

と定める．

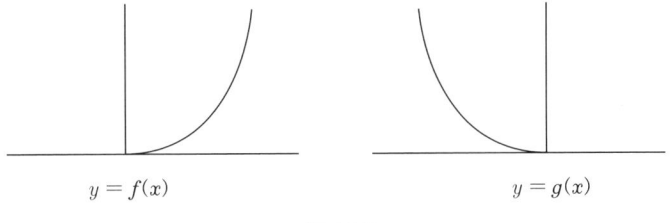

$y = f(x)$ $y = g(x)$

図 4.10

$\alpha, \beta \in \mathbb{R}$ に対し方程式 $\alpha f + \beta g = 0$ を考えると

$$\alpha f(x) + \beta g(x) = \begin{cases} \beta x^2 & (x < 0) \\ \alpha x^2 & (x \geqq 0) \end{cases}$$

であるから $\alpha f + \beta g = 0$ であるための必要十分条件は $\alpha = \beta = 0$. したがって f と g は $\mathbb{R} = (-\infty, +\infty)$ 上で線型独立である. ところが $W(f,g)$ は

$$W(f,g) = \begin{vmatrix} 0 & 0 \\ x^2 & 2x \end{vmatrix} = 0 \quad (x<0), \quad W(f,g) = \begin{vmatrix} x^2 & 2x \\ 0 & 0 \end{vmatrix} = 0 \quad (x \geqq 0)$$

であるから $\mathbb{R}$ 上で $W(f,g) = 0$.

f と g が線型常微分方程式 $y'' + p(x)y' + q(x)y = 0$ の解であるときは $W(f,g)$ は I 上でまったく 0 にならないか, つねに 0 (恒等的に 0) であるかのどちらかである. 実際 $W(f,g)$ を微分すると変数分離形の常微分方程式 $W(f,g)'(x) = -p(x)W(f,g)(x)$ が得られるから $W(f,g)(x) = C \exp\left(\int p(x)\,\mathrm{d}x\right)$ と表せる $(C \in \mathbb{R})$. $C = 0$ なら $W(f,g)$ は I 上で恒等的に 0, $C \neq 0$ なら I 上で $W(f,g) \neq 0$.

あらためて**定数係数斉次の線型常微分方程式** $y'' + py' + qy = 0$ の基本解について考えよう. 特性方程式 $\lambda^2 + p\lambda + q = 0$ の解を α, β とする. 系 4.15 を見返してほしい.

- $p^2 - 4q > 0$ のとき:
 α, β は相異なる実数. $W(e^{\alpha x}, e^{\beta x}) = (\beta - \alpha)e^{(\alpha+\beta)x} \neq 0$ より, $\{e^{\alpha x}, e^{\beta x}\}$ は定義 4.28 で定めた意味での基本解である.

- $p^2 - 4q = 0$ のとき:
 $\alpha = \beta$ は実数. $W(e^{\alpha x}, xe^{\alpha x}) = e^{2\alpha x} \neq 0$ より, $\{e^{\alpha x}, xe^{\alpha x}\}$ は定義 4.28 で定めた意味での基本解である.

- $p^2 - 4q < 0$ のとき:
 $\alpha = a + ib, \beta = \bar{\alpha} = a - ib$ とし, 特性方程式は虚数解をもつから $b \neq 0$ に注意.

$$W(e^{ax}\cos(bx), e^{ax}\sin(bx)) = be^{2ax} \neq 0$$

であるから, $\{e^{ax}\cos(bx), e^{ax}\sin(bx)\}$ は定義 4.28 で定めた意味での基本解であることが確かめられた.

線型空間を学んだ読者向けの注意 p.50 の注意で述べたように実数 p, q に対し $\mathcal{V}(p,q) = \{y \mid y'' + py' + qy = 0\}$ は線型空間 (ベクトル空間) の構造をもつ. 基本解 $\{y_1, y_2\}$ をとると $\mathcal{V}(p,q) = \{c_1 y_1 + c_2 y_2 \mid c_1, c_2 \in \mathbb{R}\}$ と表せることから, $\mathcal{V}(p,q)$ は $\{y_1, y_2\}$ を基底にもつ 2 次元の線型空間である.

発展 標準形の 2 階線型常微分方程式 $\ddot{z}(t) + u(t)z(t) = 0$ の基本解 $\{z_1(t), z_2(t)\}$ で $W(z_1, z_2) = 1$ を満たすものをとる．$(x(t), y(t)) = \left(\int z_1(t)\,dt, \int z_2(t)\,dt\right)$ とおくと $(x(t), y(t))$ は等積幾何学における曲線を定める．函数 $u(t)$ は等積曲率とよばれる量である．2 階線型常微分方程式の基本解は等積幾何学と密接に関わっている[11]．

4.6 定数変化法

変数係数の 2 階線型常微分方程式 $y'' + p(x)y' + q(x)y = r(x)$ の一般解を，定数変化法を用いて求める方法を説明しよう．まず簡単な例から．

例題 4.31 問題 4.22 で扱った常微分方程式 (4.4) の一般解を定数変化法を用いて求めよ．

解 斉次方程式 $y'' - y' - 2y = 0$ の基本解として $y_1 = e^{2x}$, $y_2 = e^{-x}$ を選ぶ．斉次方程式の一般解は $c_1 e^{2x} + c_2 e^{-x}$．そこで $y = A(x)e^{2x}$ とおいて代入すると

$$y'' - y' - 2y = e^{2x}(A'' + 3A') = e^x$$

より $A'' + 3A' = e^{-x}$ を得る．$u = A'$ とおくと $u' + 3u = e^{-x}$．これは線型常微分方程式．定数変化法で解を求めると

$$u(x) = e^{-3x}\left(\frac{1}{2}e^{2x} + C\right) = \frac{1}{2}e^{-x} + Ce^{-3x}.$$

これを積分して $A(x) = -\frac{1}{2}e^{-x} - \frac{C}{3}e^{-3x}$．したがって

$$y = A(x)e^{2x} = -\frac{1}{2}e^x - \frac{C}{3}e^{-x}$$

が特殊解を与える．$C = 0$ と選んでよいので

$$y = -\frac{1}{2}e^x + c_1 e^{2x} + c_2 e^{-x}, \quad c_1, c_2 \in \mathbb{R}$$

が一般解．$y = A(x)e^{-x}$ とおいても特殊解が求められるので試してみること．□

---

[11] 拙著『曲線とソリトン』, 朝倉書店 (2010), 12.2 節参照．

では一般の場合を考察しよう．$y'' + p(x)y' + q(x)y = r(x)$ に同伴する斉次方程式 $y'' + p(x)y' + q(x)y = 0$ の一般解は基本解 $\{y_1, y_2\}$ を使って $y = c_1 y_1 + c_2 y_2$ と表される $(c_1, c_2 \in \mathbb{R})$．ここで定数 c_1, c_2 を関数 $u(x), v(x)$ で置き換える．すなわち $y = u(x)y_1 + v(x)y_2$ とおき，これが解きたい線型常微分方程式の解を与えるように $u(x), v(x)$ を定めたい．

$$y' = u'(x)y_1 + v'(x)y_2 + u(x)y_1' + v(x)y_2',$$
$$y'' = (u'(x)y_1 + v'(x)y_2)' + (u'(x)y_1' + v'(x)y_2') + (u(x)y_1'' + v(x)y_2'')$$

であるから，これらをもとの線型常微分方程式に代入すると u, v についての 2 階線型常微分方程式が得られる．しかし，もともと解きたい線型常微分方程式も 2 階であった．これでは問題がやさしくなっていない．そこで，

$$u'(x)y_1 + v'(x)y_2 = 0$$

という仮定を置いてみよう．この仮定の下では

$$y' = u(x)y_1' + v(x)y_2', \quad y'' = u'(x)y_1' + v'(x)y_2' + u(x)y_1'' + v(x)y_2''$$

となるから

$r(x)$
$= y'' + p(x)y' + q(x)y$
$= u'(x)y_1' + v'(x)y_2' + u(x)(y_1'' + p(x)y_1' + q(x)y_1) + v(x)(y_2'' + p(x)y_2' + q(x)y_2)$
$= u'(x)y_1' + v'(x)y_2'$

を得る．したがって $u(x), v(x)$ についての連立 1 次方程式

$$\begin{cases} y_1 u'(x) + y_2 v'(x) = 0 \\ y_1' u'(x) + y_2' v'(x) = r(x) \end{cases}$$

が得られた．ここで $\{y_1, y_2\}$ は斉次方程式の基本解であるから，$W(y_1, y_2) \neq 0$．したがって

$$u'(x) = -\frac{r(x)y_2}{y_1 y_2' - y_1' y_2}, \quad v'(x) = \frac{r(x)y_1}{y_1 y_2' - y_1' y_2}$$

を得る．これらを積分して $u(x)$ と $v(x)$ を求めればよい．以上より

$$y = -y_1(x) \int \frac{r(x)y_2}{y_1 y_2' - y_1' y_2} \, dx + y_2(x) \int \frac{r(x)y_1}{y_1 y_2' - y_1' y_2} \, dx \tag{4.8}$$

が特殊解を与えることがわかった．

注意 $u(x)$, $v(x)$ についての連立 1 次方程式を行列を使って表すと

$$\begin{pmatrix} y_1 & y_2 \\ y_1' & y_2' \end{pmatrix} \begin{pmatrix} u'(x) \\ v'(x) \end{pmatrix} = \begin{pmatrix} 0 \\ r(x) \end{pmatrix}$$

である．$W(y_1, y_2) \neq 0$ より

$$\begin{pmatrix} u'(x) \\ v'(x) \end{pmatrix} = \begin{pmatrix} y_1 & y_2 \\ y_1' & y_2' \end{pmatrix}^{-1} \begin{pmatrix} 0 \\ r(x) \end{pmatrix}$$

$$= \frac{1}{W(y_1, y_2)} \begin{pmatrix} y_2' & -y_2 \\ -y_1' & y_1 \end{pmatrix} \begin{pmatrix} 0 \\ r(x) \end{pmatrix}.$$

すなわち

$$u'(x) = -\frac{r(x) y_2}{y_1 y_2' - y_1' y_2}, \quad v'(x) = \frac{r(x) y_1}{y_1 y_2' - y_1' y_2}$$

を得る．

定数変化法を実際に試してみよう．まずは練習のため**定数係数**の場合から．

例題 4.32 強制振動 (例題 4.25) に登場した微分方程式 $y'' + \omega^2 y = A \cos(ax)$ の一般解を定数変化法を用いて求めよ．ただし $\omega, a > 0$ とする．

解 この常微分方程式の一般解は例題 4.23 で求めてあることを注意しておく．斉次方程式 $y'' + \omega^2 y = 0$ の基本解として $y_1 = \cos(\omega x), y_2 = \sin(\omega x)$ を選ぶと $W(y_1, y_2) = \omega$ であり，

$$u'(x) = -\frac{A}{\omega} \cos(ax) \sin(\omega x), \quad v'(x) = \frac{A}{\omega} \cos(ax) \cos(\omega x).$$

• $\omega \neq a$ のとき：

$$u(x) = -\frac{A}{\omega} \int \cos(ax) \sin(\omega x) \, dx$$

$$= \frac{A}{2\omega(\omega + a)} \cos\{(\omega + a)x\} + \frac{A}{2\omega(\omega - a)} \cos\{(\omega - a)x\} + C_1,$$

$$v(x) = \frac{A}{\omega} \int \cos(ax) \cos(\omega x) \, dx$$

$$= \frac{A}{2\omega(\omega+a)} \sin\{(\omega+a)x\} + \frac{A}{2\omega(\omega-a)} \sin\{(\omega-a)x\} + C_2$$

を得る．とくに $C_1 = C_2 = 0$ と選ぶと特殊解

$$y = u(x)\cos(\omega x) + v(x)\sin(\omega x)$$
$$= \frac{A}{2\omega(\omega+a)} \left(\cos\{(\omega+a)x\}\cos(\omega x) + \sin\{(\omega+a)x\}\sin(\omega x)\right)$$
$$+ \frac{A}{2\omega(\omega-a)} \left(\cos\{(\omega-a)x\}\cos(\omega x) + \sin\{(\omega-a)x\}\sin(\omega x)\right)$$
$$= \frac{A}{2\omega(\omega+a)} \cos(ax) + \frac{A}{2\omega(\omega-a)} \cos(ax) = \frac{A}{\omega^2-a^2} \cos(ax)$$

が求められる．したがって一般解は

$$y = \frac{A}{\omega^2-a^2} \cos(ax) + c_1 \cos(\omega x) + c_2 \sin(\omega x), \quad c_1, c_2 \in \mathbb{R}$$

である．

- $\omega = a$ のとき：

$$u(x) = -\frac{A}{\omega} \int \cos(\omega x) \sin(\omega x)\, \mathrm{d}x = -\frac{A}{2\omega} \int \sin(2\omega x)\, \mathrm{d}x$$
$$= \frac{A}{4\omega^2} \cos(2\omega x) + C_1,$$
$$v(x) = \frac{A}{\omega} \int \cos^2(\omega x)\, \mathrm{d}x = \frac{A}{2\omega} \int 1 + \cos(2\omega x)\, \mathrm{d}x$$
$$= \frac{A}{4\omega^2} \sin(2\omega x) + \frac{A}{2\omega} x + C_2.$$

とくに $C_1 = C_2 = 0$ と選ぶと特殊解

$$y = u(x)\cos(\omega x) + v(x)\sin(\omega x)$$
$$= \frac{A}{4\omega^2} \left(\cos(2\omega x)\cos(\omega x) + \sin(2\omega x)\sin(\omega x)\right) + \frac{A}{2\omega} x \sin(\omega x)$$
$$= \frac{A}{4\omega^2} \cos(\omega x) + \frac{A}{2\omega} x \sin(\omega x)$$

が得られるが $A\cos(\omega x)/(4\omega^2)$ は同伴する斉次微分方程式の解であることに注意すると一般解は

$$y = \frac{A}{2\omega} x \sin(\omega x) + c_1 \cos(\omega x) + c_2 \sin(\omega x), \quad c_1, c_2 \in \mathbb{R}$$

で与えられることがわかる．これらの結果は例 4.23 で得たものと一致する．□

問題 4.33 定数変化法を用いて次の常微分方程式の一般解を求めよ.
(1) $y'' + \omega^2 y = Ax$,
(2) $y'' + \omega^2 y = Ae^{ax}$.

変数係数の場合を扱ってみよう.

例題 4.34 $y'' - \dfrac{3}{x}y' + \dfrac{3}{x^2}y = x^2$ が $y_1 = x, y_2 = x^3/2$ を同伴斉次方程式の基本解にもつことを利用して特殊解を求めよ.

解 $W(y_1, y_2) = x^3$ より
$$u = -\int \frac{x^2}{x^3}\frac{x^3}{2}\,dx = -\frac{1}{6}x^3, \quad v = \int \frac{x^2}{x^3} x\,dx = x$$
なので
$$y = uy_1 + vy_2 = -\frac{x^4}{6} + \frac{x^4}{2} = \frac{x^4}{3}.$$
□

問題 4.35 次の線型常微分方程式の特殊解を求めよ. ただし ( ) 内の函数の組は同伴する斉次微分方程式の基本解である.
(1) $xy'' - y' = 2x$, ($\{1, x^2\}$).
(2) $y'' + \dfrac{1}{x}y' - \dfrac{1}{x^2}y = 2x^3 + 4x$, ($\{x, 1/x\}$).

例題 4.34 や問題 4.35 では定数変化法の練習のため, 同伴する斉次微分方程式の基本解を与えてあった. 実際には同伴する斉次微分方程式の基本解を求めることから始めなければならない. そこでこの節の最後に, 基本解を見つけるいくつかの方法を紹介する.

$y'' + p(x)y' + q(x)y = 0$ において $y_1 = x$ を解にもつのはどういうときかを探ろう. $y_1 = x$ を代入すると $p(x) + q(x)x = 0$ を得る. 逆に $p(x) + q(x)x = 0$ であれば $y'' + p(x)y' + q(x)y = y'' - q(x)(xy' - y) = 0$ であるからこの微分方程式を $y'' = 0$ と $xy' - y = 0$ に分けてみる. 前者からは $y = ax + b$ を得る. 後者からは $y = Cx$ を得る. 両者を満たすのは $y = Cx$ しかない.

例題 4.34 の斉次微分方程式の基本解を求めてみよう.

例題 4.36 $y'' - \dfrac{3}{x}y' + \dfrac{3}{x^2}y = 0$ の一般解を求めよ．

解 $p(x) + q(x)x = 0$ であるから $y_1 = x$ を解にもつかどうか確認しよう．$y'' = 0, -\dfrac{3}{x}y' + \dfrac{3}{x^2}y = 0$ であるから確かに $y_1 = x$ は解．定数 c_1 に対し $c_1 y_1$ も解である．そこで**定数** c_1 を**変化**させる．$y = u(x)y_1(x) = ux$ をこの斉次微分方程式に代入すると $u''x - u' = 0$．そこで $w = u'$ とおくと $xw' = w$ は変数分離形なので，すぐに一般解 $w = c_2 x$ を求められる．したがって $u = \dfrac{c_2}{2}x^2 + c_1$ なので一般解 $y = c_1 x + c_2(x^3/2)$ を得る． □

この解でみたように，解 y_1 が見つかっていれば，定数変化法で別の解を求められる．本来2階の常微分方程式を解くはずだが $w = u'$ に関する1階の常微分方程式を解けばもう一つの解 y_2 が見つかる．この定数変化法は**ダランベールの階数低下法**ともよばれている．

例題 4.37 例題 4.34 の常微分方程式 $y'' - \dfrac{3}{x}y' + \dfrac{3}{x^2}y = x^2$ の一般解を求めよ．

解 前の例題から $y_1 = x$ が同伴する斉次常微分方程式の解であることがわかっている．$y = u(x)x$ を $y'' - \dfrac{3}{x}y' + \dfrac{3}{x^2}y = x^2$ に代入してみると $u''x - u' = x^2$ となるから $w = u'$ とおくと1階線型常微分方程式 $xw' - w = x^2$ が得られる．$xw' - w = 0$ の一般解 $w = c_2 x$ の定数 c_2 を函数 $B(x)$ で置き換え，$w = B(x)x$ を $xw' - w = x^2$ に代入すると $B' = 1$．したがって $B(x) = x + c$．すなわち $w(x) = x^2 + cx$．これを x で積分して $u(x) = x^3/3 + c_2 x^2/2 + c_1$．以上より一般解

$$y = \dfrac{1}{3}x^4 + c_1 x + c_2 \left(\dfrac{x^3}{2}\right)$$

が求められた． □

次は $y_1 = e^x$ を解にもつ場合を考える．$y = e^x$ を $y'' + p(x)y' + q(x)y = 0$ に代入すると $p + q + 1 = 0$ を得る．逆に $p + q + 1 = 0$ のとき，e^x を解にもつかどうかまでは不明だが解の候補ではある．

例題 4.38 $y'' - \dfrac{x+2}{x}y' + \dfrac{2}{x}y = x^2 e^x$ の一般解を求めよ.

解 $p(x) = -(x+2)/x$, $q(x) = 2/x$ より $p+q+1=0$ を満たしている. $y_1 = e^x$ はこの常微分方程式の解であることが確かめられる. $y = u(x)e^x$ とおいて常微分方程式に代入すると $u'' + (1 - 2/x)u' = x^2$. $w = u'$ は 1 階線型常微分方程式 $w' + (1 - 2/x)w = x^2$ を満たすから $w = x^2 + c_2 x^2 e^{-x}$. ゆえに

$$u = \int x^2\,dx + c_2 \int x^2(-e^{-x})'\,dx + c_1 = \frac{1}{3}x^3 - c_2(x^2 + 2x + 2) + c_1.$$

以上より

$$y = \frac{1}{3}x^3 e^x + c_1 e^x - c_2(x^2 + 2x + 2), \quad c_1, c_2 \in \mathbb{R}$$

が一般解. □

問題 4.39 $y'' - \dfrac{x+1}{x}y' + \dfrac{1}{x}y = xe^x$ の一般解を求めよ.

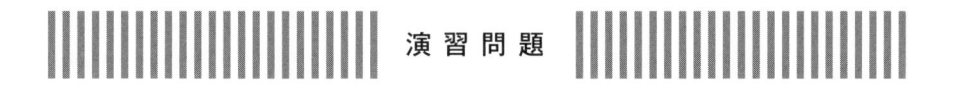

演習問題

問 4.1 $x > 0$ とする. 次の微分方程式の一般解を求めよ. (ヒント: $x = e^t$ とおく.)

(1) $x^2 y'' + xy' - y = 0$.
(2) $x^2 y'' - xy' + 3y = 0$.

問 4.2 次の微分方程式の特殊解を一つ求めよ.

(1) $y'' - 4y' + 4y = e^{2x} \log x$.
(2) $y'' + 4y = 1/\cos^2 x$.

第5章

微分演算子を使う解法

[目標] $y'' + py' + qy = r(x)$ の特殊解を演算子を使って求める.

導函数の定義をふりかえろう. 区間 I で定義された函数 $y = f(x)$ が, I の点 a において微分可能であるとき, すなわち極限値

$$\lim_{h \to 0} \frac{f(a+h) - f(a)}{h}$$

が存在するとき, この極限値を f の $x = a$ における微分係数とよび $f'(a)$ と書いた. 区間 I のすべての点において f が微分可能なとき,「f は I 上で微分可能」と定めた. f が I 上で微分可能なとき, $a \in I$ に $f'(a)$ を対応させることで新たに定まる函数を f の**導函数**とよび, $y' = f'(x)$ で表した.

なにをいまさら? と思われた読者が多いだろう. しかしここで,「函数を微分する」という言葉の意味をもう一度考えてもらいたい. 微分可能な函数 f から導函数 $f'(x)$ を求めることを「f を微分する」と定めたことを思い出せただろうか. つまり, 微分は与えられた函数から**別の函数をつくる操作**なのである.

そこで "操作" であることを強調した概念 (考え方) である**微分演算子**についてこの章で学ぶ. 微分演算子を用いて**定数係数**の線型常微分方程式の解を求める方法を説明する.

5.1 微分演算子

微分可能な函数 $y = f(x)$ に対し, その導函数を $y' = f'(x)$ を

$$\frac{\mathrm{d}f}{\mathrm{d}x}(x) = (Df)(x)$$

と表すことにしよう．そして函数 f を微分すること，すなわち f から f' を得る操作を，$f \longmapsto Df$ と書くことにする．繰り返しになるが

> 函数 f を微分するとは，f に $f' = Df$ を対応させる規則 $D : f \longmapsto Df$ のこと

である．D を**微分演算子**とよぶ．D の繰り返し D^k を

$$D^2 = \frac{\mathrm{d}^2}{\mathrm{d}x^2}, \quad D^3 = \frac{\mathrm{d}^3}{\mathrm{d}x^3}, \cdots$$

で定めておく．また $D^0 = $ 恒等変換 とする．つまり $D^0 f = f$．

ライプニッツの公式 (0.1) は D を使うと

$$D^n(fg) = \sum_{r=0}^{n} {}_n\mathrm{C}_r (D^r f)(D^{n-r} g) \tag{5.1}$$

と表せる．

常微分方程式を扱うためには D の多項式というものを考えておく必要がある．たとえば p, q を定数として $D^2 + pD + q$ のような式を考える．このような多項式を函数 y に働かせる．つまり

$$(D^2 + pD + q)y = D^2 y + pDy + qy = y'' + py' + qy$$

という要領で計算するのである．すると 2 階線型常微分方程式 $y'' + py' + qy = r(x)$ を

$$(D^2 + pD + q)y = r(x)$$

と書き直せる．

常微分方程式の解法を考えるために少々の準備をしておこう．

t の多項式

$$P(t) = a_0 + a_1 t + a_2 t^2 + \cdots + a_n t^n$$

を用意する．そして t のところに微分演算子 D を代入する．"代入する" と聞いてもおどろくことはない．次のように考えなさいという意味である：

$$P(D) = a_0 + a_1 D + a_2 D^2 + \cdots + a_n D^n.$$

つまり n 回微分可能な函数 f に対し

$$P(D)f = a_0 f + a_1 Df + a_2 D^2 f + \cdots + a_n D^n f$$
$$= a_0 f + af' + a_2 f'' + \cdots + a_n f^{(n)}$$

を対応させる規則を $p(D)$ と表記しなさいということである．

多項式どうしの演算をどう決めたかを復習しよう．二つの多項式 $P(t)$ と $Q(t)$ について，その和・差・積・商は

$$(P+Q)(t) = P(t) + Q(t)$$
$$(P-Q)(t) = P(t) - Q(t)$$
$$(PQ)(t) = P(t)Q(t)$$
$$\frac{P}{Q}(t) = \frac{P(t)}{Q(t)}$$

と定めてあった．この定義式は一見しただけでは，意味がまったくつかめないかもしれないが，具体的に書いてみればすぐにわかるので心配はいらない．たとえば $P(t) = t^2 + 1$ と $Q(t) = 2t$ という多項式について，和 $P + Q$ は

$$(P+Q)(t) = P(t) + Q(t) = (t^2 + 1) + 2t = t^2 + 2t + 1$$

で定義される多項式ということ．つまり $(P+Q)(t) = t^2 + 2t + 1$ という意味．積の場合は

$$(PQ)(t) = P(t)Q(t) = (t^2 + 1)(2t) = 2t^3 + 2t$$

だから $(PQ)(t) = 2t^3 + 2t$．ところで $P + Q$ や PQ の計算を実際に行ってみれば

$$P + Q = Q + P, \quad PQ = QP$$

であることに気づく．

さて，微分演算子の多項式 $P(D)$ と $Q(D)$ についても和・差・積が定義できる：

$$(P(D) \pm Q(D)) = P(D) \pm Q(D), \quad (PQ)(D) = P(D)Q(D).$$

簡単な例で確認してみよう．先ほどの例 $P(t) = t^2 + 1$, $Q(t) = 2t$ を使ってみよう．$(P+Q)(t) = t^2 + 2t + 1$ だから

$$(P+Q)(D)f = (D^2 + 2D + 1)f = f'' + 2f' + f.$$

一方，$P(D)f + Q(D)f = (D^2+1)f + 2Df = f'' + 2f' + f$ だから確かに $(P+Q)(D)$ と $P(D) + Q(D)$ は一致している．

積の場合はどうだろうか．$(PQ)(t) = 2t^3 + 2t$ より $(PQ)(D) = 2D^3 + 2D$．
$$(PQ)(D)f = 2f''' + 2f'.$$
一方
$$P(D)(Q(D)f) = P(D)(2Df) = (D^2+1)(2f') = 2f''' + 2f'.$$
さらに
$$Q(D)(P(D)f) = Q(D)(D^2f + f) = 2D(f'' + f) = 2f''' + 2f'$$
であるから $(PQ)(D) = P(D)Q(D) = Q(D)P(D)$ が言える．いまは特別な例で確かめたが，一般の多項式について次の公式が成立する．

命題 5.1 文字 t に関する多項式 $P(t), Q(t), R(t)$ に対し次の公式が成立する．
$$P(D) + Q(D) = Q(D) + P(D), \tag{5.2}$$
$$P(D)Q(D) = Q(D)P(D), \tag{5.3}$$
$$(P(D) + Q(D)) + R(D) = P(D) + (Q(D) + R(D)), \tag{5.4}$$
$$(P(D)Q(D))R(D) = P(D)(Q(D)R(D)), \tag{5.5}$$
$$P(D)(Q(D) + R(D)) = P(D)Q(D) + P(D)R(D). \tag{5.6}$$

これらの公式から「微分演算子の多項式の和・差・積を計算するときは，多項式のときと同じように計算してよい」ということがわかった．

5.1.1 不定積分を演算子で表す

さて，微分演算子の商を考えてこなかった．商はどういうときに出てくるだろうか．もともと微分演算子を持ち出してきた理由 (動機) は常微分方程式を解くためだった．正確に述べれば $P(D)y = f(x)$ という形の微分方程式の解を求めたいのである．この常微分方程式の解を
$$y = \frac{1}{P(D)} f(x)$$

のように割り算のように計算できないだろうか．これが**微分演算子を考える動機**である．

手がかりを探るため，$Dy = f(x)$ から考えよう．この常微分方程式を

$$y = \frac{1}{D}f(x)$$

と書き直してみよう．常微分方程式の意味を思い出すと右辺は

$$\frac{1}{D}f(x) = \int f(x)\,\mathrm{d}x,$$

つまり $f(x)$ の**不定積分**である．そこで $\frac{1}{D}$ を「不定積分を対応させる規則」と定義しておこう．

注意 元に戻る？ $\frac{1}{D}D$ と $D\frac{1}{D}$ を比較しておこう．

$$D\left(\frac{1}{D}f\right) = D\left(\frac{1}{D}f(x)\right) = \frac{\mathrm{d}}{\mathrm{d}x}\int f'(x)\,\mathrm{d}x = f(x).$$

なので $D\frac{1}{D} =$ 恒等変換 だが

$$\frac{1}{D}(Df) = \frac{1}{D}f'(x) = \int f'(x)\,\mathrm{d}x = f(x) + C$$

と積分定数 C がついてしまう．このことから一般に $P(D)\dfrac{1}{P(D)}$ と $\dfrac{1}{P(D)}P(D)$ が一致するとは限らないことに注意．

例題 5.2 **1 階線型常微分方程式** α を定数とする．1 階線型常微分方程式 $y' - \alpha y = f(x)$ の解を D を使って求めよ．

解 この線型常微分方程式は $(D - \alpha)y = f(x)$ と書き直せる．この常微分方程式の一般解を

$$y = \frac{1}{D - \alpha}f(x)$$

と表したい．

さて $(D - \alpha)y = f(x)$ の一般解 $y = \dfrac{1}{D - \alpha}f(x)$ は 3.2 節で学んだように斉次微分方程式 (変数分離形) $(D - \alpha)y = 0$ の一般解 (**余函数**) $Ce^{\alpha x}$ と $(D - \alpha)y = f(x)$

の特殊解 y_0 の和 $y = y_0 + Ce^{\alpha x}$ で与えられた．そこで特殊解を求める公式を微分演算子を使って導いてみよう．

$(D - \alpha)y = f(x)$ の一般解 (とくに特殊解) は定数変化法で求められた．復習しておくと，斉次常微分方程式 $(D - \alpha)y = 0$ の一般解 $y = Ce^{\alpha x}$ の定数部分 C を函数 $A(x)$ で置き換えた函数 $y = A(x)e^{\alpha x}$ を $(D - \alpha)y = f(x)$ に代入して $A(x)$ に関する常微分方程式 $A'(x) = e^{-\alpha x}f(x)$ を得る．これを積分して

$$A(x) = \int e^{-\alpha x} f(x)\, dx$$

と求める．

この式を D を使って導いてみよう．まず $y = A(x)e^{\alpha x}$ とおいたことから $A(x) = e^{-\alpha x}y$ と書き換えると

$$(DA)(x) = D(e^{-\alpha x}y) = D(e^{-\alpha x})y + e^{-\alpha x}Dy$$
$$= -\alpha e^{-\alpha x}y + e^{-\alpha x}(\alpha y + f(x)) = e^{-\alpha x}f(x)$$

を得る．これを

$$A(x) = \frac{1}{D}(e^{-\alpha x}f(x))$$

と書き換えよう．$y = A(x)e^{\alpha x}$ であったから一般解は

$$y = \frac{1}{D - \alpha}f(x) = e^{\alpha x}\frac{1}{D}(e^{-\alpha x}f(x)) = e^{\alpha x}\left(\int e^{-\alpha x}f(x)\, dx + C\right) \tag{5.7}$$

と求められた．すなわち定数変化法を用いた解法を微分演算子を使って書き換えることができた． □

命題 5.3 線型常微分方程式 $(D - \alpha)y = f(x)$, (ただし α は定数) の特殊解 y_0 を

$$y_0 = \frac{1}{D - \alpha}f(x) = e^{\alpha x}\frac{1}{D}(e^{-\alpha x}f(x)) \tag{5.8}$$

で求めることができる．

問題 5.4 常微分方程式 $(D - \alpha)^2 y = f(x)$ の特殊解 y_0 を

$$y_0 = \frac{1}{(D - \alpha)^2}f(x) = e^{\alpha x}\frac{1}{D^2}\left(e^{-\alpha x}f(x)\right) \tag{5.9}$$

で求められることを証明せよ．より一般に $n=1,2,\cdots$ に対し $(D-\alpha)^n y = f(x)$ の特殊解 y_0 を

$$y_0 = \frac{1}{(D-\alpha)^n}f(x) = e^{\alpha x}\frac{1}{D^n}\left(e^{-\alpha x}f(x)\right) \tag{5.10}$$

で求められる．

問題 5.5 (5.8) を用いて次の計算を行え．
(1) $\dfrac{1}{D}\cos(2x)$.
(2) $\dfrac{1}{D-2}x$.

(5.9) では $(D-\alpha)^2 y = f(x)$ を考えていたが，これを一般化した微分方程式 $(D-\alpha)(D-\beta)y = f(x)$ の解を求めてみよう．次の例題に取り組もう．

例題 5.6 $\dfrac{1}{(D-1)(D-2)}e^{2x}$ を計算せよ．

解 いろいろなやり方がある．
(1) (5.8) を繰り返し使う方法．

$$\frac{1}{(D-1)(D-2)}e^{2x} = \frac{1}{D-1}\left(\frac{1}{D-2}e^{2x}\right) = \frac{1}{D-1}\left(e^{2x}\int e^{-2x}\cdot e^{2x}\,\mathrm{d}x\right)$$

$$= \frac{1}{D-1}\left(e^{2x}(x+c_1)\right) \quad c_1 = 0 \text{ と選ぶ．}$$

$$= \frac{1}{D-1}(xe^{2x}) = e^x\int e^{-x}\cdot xe^{2x}\,\mathrm{d}x = e^x\int e^x\cdot x\,\mathrm{d}x$$

$$= e^x\int (e^x)'\cdot x\,\mathrm{d}x = e^x\left\{e^x\cdot x - \int x'\cdot e^x\,\mathrm{d}x\right\}$$

$$= e^x\{xe^x - e^x + c_2\} \quad \text{ここでも } c_2 = 0 \text{ と選ぶ．}$$

$$= xe^{2x} - e^{2x}.$$

(2) 順序を入れかえて (5.8) を繰り返し使う．

$$\frac{1}{(D-1)(D-2)}e^{2x} = \frac{1}{D-2}\left(\frac{1}{D-1}e^{2x}\right) = \frac{1}{D-2}\left(e^x\int e^{-x}\cdot e^{2x}\,\mathrm{d}x\right)$$

$$= \frac{1}{D-2}\left(e^x(e^x + c_1)\right)$$

特殊解を求めるので $c_1 = 0$ と選ぶ.

$$= \frac{1}{D-2}(e^{2x}) = e^{2x}\int e^{-2x}\cdot e^{2x}\,\mathrm{d}x = e^{2x}\int 1\,\mathrm{d}x$$

$$= e^{2x}(x + c_2) \quad \text{ここでも } c_2 = 0 \text{ と選ぶ.}$$

$$= xe^{2x}.$$

(3) 部分分数に分けてみる.

$$\frac{1}{(D-1)(D-2)} = \frac{1}{D-2} - \frac{1}{D-1}$$

より

$$\left(\frac{1}{D-2} - \frac{1}{D-1}\right)e^{2x} = \frac{1}{D-2}e^{2x} - \frac{1}{D-1}e^{2x}$$

$$= e^{2x}\int e^{-2x}\cdot e^{2x}\,\mathrm{d}x - e^x\int e^{-x}\cdot e^{2x}\,\mathrm{d}x$$

$$= e^{2x}\int 1\,\mathrm{d}x - e^x\int e^x\,\mathrm{d}x$$

$$= e^{2x}(x + c_1) - e^x(e^x + c_2)$$

$c_1 = c_2 = 0$ と選んで

$$\frac{1}{(D-1)(D-2)}e^{2x} = xe^{2x} - e^{2x}. \qquad \square$$

注意 違いは気にしない！ 3通りの計算で得られた函数 $xe^{2x} - e^{2x}$ と xe^{2x} はともに $(D-1)(D-2)y = e^{2x}$ の特殊解である．計算の仕方を変えたり，計算途中で出てきた積分定数 c_1, c_2 を 0 と勝手に選んだりしたら，得られた特殊解が異なってしまうが，「特殊解を一つ求めればよい」のだから計算結果の異同は気にしなくてよい．計算途中の積分定数 c_1, c_2 をそのまま残して計算を実行すると，それぞれ

$$y = xe^{2x} + (c_1 - 1)e^{2x} + (c_1c_2 + c_3)e^x, \tag{5.11}$$

$$y = xe^{2x} + c_2e^{2x} - c_1e^x, \tag{5.12}$$

$$y = xe^{2x} + (c_1 - 1)e^{2x} - c_2e^x \tag{5.13}$$

となる (c_3 は (5.11) の積分で出てくる新しい積分定数)．ところで $(D-1)(D-2)y = e^{2x}$ に同伴する斉次常微分方程式 $(D-1)(D-2)y = 0$ の基本解は e^x と e^{2x} であることに注意して上

の計算結果を眺めると，どれも xe^{2x} に基本解の重ね合わせ (線型結合) を加えたものになっている．$\{e^x, e^{2x}\}$ と線型独立な特殊解を求めることが目標であったことを思い出そう．結局，「計算結果の違い」や「積分定数を特別な値に選ぶこと」は基本解の重ね合わせ $ae^x + be^{2x}$ で調整されてしまうことがわかる．上で述べた「計算結果の異同は気にしなくてよい」というのはこのような正しい理由があるのである．そもそも「$\dfrac{1}{(D-1)(D-2)} e^{2x}$ を計算せよ」とは，あくまでも「$(D-1)(D-2)y = e^{2x}$ の特殊解を求めよ」という意味なのであり，特殊解はたくさん (無数に) あるのだから，「ただ一つだけ答えが求まる」というわけではないのである．

(5.8) と部分分数展開より次の有用な公式が得られることを注意しておく．

$$\frac{1}{D-\alpha^2} f(x) = \frac{1}{2\alpha} \left\{ e^{\alpha x} \frac{1}{D}(e^{-\alpha x} f(x)) + e^{-\alpha x} \frac{1}{D}(e^{\alpha x} f(x)) \right\}. \tag{5.14}$$

命題 5.7 $\alpha_1, \alpha_2, \cdots, \alpha_n$ を相異なる実数とする．

$$(D - \alpha_1)(D - \alpha_2) \cdots (D - \alpha_n) y = f(x)$$

に対し

$$\frac{1}{(D-\alpha_1)(D-\alpha_2)\cdots(D-\alpha_n)} = \frac{\beta_1}{D-\alpha_1} + \frac{\beta_2}{D-\alpha_2} + \cdots + \frac{\beta_n}{D-\alpha_n}$$

と部分分数に展開された場合，この微分方程式の一般解を

$$y = \frac{\beta_1}{D-\alpha_1} f(x) + \frac{\beta_2}{D-\alpha_2} f(x) + \cdots + \frac{\beta_n}{D-\alpha_n} f(x)$$

で求められる．

もう少し便利な公式を用意しておこう．

命題 5.8 多項式 $P(t) = a_0 + a_1 t + \cdots + a_n t^n$ に対し

$$P(D) e^{\alpha x} = P(\alpha) e^{\alpha x}$$

が成立する．とくに $P(\alpha) \neq 0$ ならば[1]

$$\frac{1}{P(D)} e^{\alpha x} = \frac{e^{\alpha x}}{P(\alpha)}. \tag{5.15}$$

1] 「$P(\alpha) = 0$」と「$e^{\alpha x}$ が同伴する斉次常微分方程式の解になっていること」は同値．

証明 $D^n(e^{\alpha x}) = \alpha^n e^{\alpha x}$ だから $P(D) = a_0 + a_1 D + \cdots + a_n D^n$ に対し

$$P(D)e^{\alpha x} = (a_0 + a_1 D + \cdots + a_n D^n)e^{\alpha x}$$
$$= (a_0 + a_1 \alpha + \cdots + a_n \alpha^n)e^{\alpha x} = P(\alpha)e^{\alpha x}. \qquad \blacksquare$$

問題 5.9

$$\frac{1}{(D-\alpha)^m} 0 = (c_0 + c_1 x + \cdots + c_{m-1} x^{m-1})e^{\alpha x}, \quad c_0, c_1, \cdots, c_{m-1} \in \mathbb{R} \quad (5.16)$$

を確かめよ.

5.2 非斉次線型常微分方程式を解く

微分演算子を使って非斉次な線型常微分方程式を解いてみよう.

例題 5.10 $y'' - y' - 2y = e^x$ の特殊解を求めよ.

解 $(D-2)(D+1)y = e^x$ と書き直せる. 同伴する斉次常微分方程式の基本解は $\{e^{2x}, e^{-x}\}$. とくに e^x は基本解ではない. $P(t) = (t-2)(t+1)$ に対し $P(1) \neq 0$ より命題 5.8 より特殊解 y_0 を次のように求められる.

$$y_0 = \frac{1}{P(D)} e^x = \frac{1}{P(1)} e^x = -\frac{1}{2} e^x. \qquad \square$$

2 階線型常微分方程式 $(D^2 + k)y = f(x)$ を演算子で解く場合, $k = -\alpha^2 < 0$ のときは命題 5.7 で説明したように部分分数に分けて計算を実行できる (公式 (5.14) 参照).

$$y = \frac{1}{D^2 - \alpha^2} f(x) = \frac{1}{2\alpha} \left(\frac{1}{D-\alpha} + \frac{1}{D+\alpha} \right) f(x).$$

では $k = \alpha^2 > 0$ のときはどう考えたらよいだろうか. 強制振動の微分方程式 (例題 4.25, 4.32) が例に含まれていることを注意しておこう. ここでは $P(D^2)y = f(x)$ の形の線型常微分方程式で非斉次項が三角関数で与えられる場合に有効な解法を説明しよう. まず次の問題を解こう (命題 5.8 と同様に確かめられる).

問題 5.11 多項式 $P(t)$ において $P(-\alpha^2) \neq 0$ ならば
$$\frac{1}{P(D^2)}\cos(\alpha x) = \frac{\cos(\alpha x)}{P(-\alpha^2)}, \quad \frac{1}{P(D^2)}\sin(\alpha x) = \frac{\sin(\alpha x)}{P(-\alpha^2)} \tag{5.17}$$
が成り立つことを確かめよ．

問題 5.12 次の線型常微分方程式の特殊解を求めよ．
(1) $(D^4 - D^2)y = \sin x$.
(2) $(D^2 + 4)y = \cos x$.

強制振動の方程式 (例題 4.32) を再考する．D を使って $(D^2 + \omega^2)y = A\cos(ax)$ と表せる．このとき $P(t) = t + \omega^2$ であるから，もし $a \neq \omega$ のときは問題 5.12 の (2) のように (5.17) を使って特殊解を求められるが，$a = \omega$ のとき $P(-a^2) = 0$ となってしまい (5.17) が適用できない．この場合は (5.17) に代わる次の公式を用いる (例題 4.32 の結果の書き換えである)．

命題 5.13 $\alpha \neq 0$ に対し次が成立する．
$$\frac{1}{D^2 + \alpha^2}\sin(\alpha x) = -\frac{1}{2\alpha}x\cos(\alpha x), \quad \frac{1}{D^2 + \alpha^2}\cos(\alpha x) = \frac{1}{2\alpha}x\sin(\alpha x).$$

注意 複素数まで数を拡げて $D^2 + \alpha^2 = (D + \alpha i)(D - \alpha i)$ と因数分解して公式 (5.14) の α を αi で置き換えると次の定理にたどり着く．

定理 5.14 $\alpha \neq 0$ とする．$(D^2 + \alpha^2)y = f(x)$ の特殊解 y_0 は
$$y_0 = \frac{\sin(\alpha x)}{\alpha}\frac{1}{D}(f(x)\cos(\alpha x)) - \frac{\cos(\alpha x)}{\alpha}\frac{1}{D}(f(x)\sin(\alpha x))$$
で与えられる．

問題 5.4 の一般化として次の命題を用意しておこう．

命題 5.15 常微分方程式 $P(D - \alpha)y = f(x)$ の特殊解 y_0 を
$$y_0 = \frac{1}{P(D - \alpha)}f(x) = e^{\alpha x}\frac{1}{P(D)}(e^{-\alpha x}f(x))$$
で求めることができる．

証明 まず
$$D(e^{-\alpha x}y) = -\alpha e^{-\alpha x}y + e^{-\alpha x}Dy = e^{-\alpha x}(D-\alpha)y$$
より
$$\begin{aligned}D^2(e^{-\alpha x}y) &= D(e^{-\alpha x}(D-\alpha)y) \\ &= -\alpha e^{-\alpha x}(D-\alpha)y + e^{-\alpha x}D(D-\alpha)y \\ &= e^{-\alpha x}(D^2 - 2\alpha D + \alpha^2)y = e^{-\alpha x}(D-\alpha)^2 y\end{aligned}$$

したがって数学的帰納法で
$$D^n(e^{-\alpha x}y) = e^{-\alpha x}(D-\alpha)^n y$$

がすべての自然数 n について成立することが確かめられる．これを利用して $P(D) = a_0 + a_1 D + \cdots + a_n D^n$ について

$$\begin{aligned}P(D)(e^{-\alpha x}y) &= (a_0 + a_1 D + \cdots + a_n D^n)(e^{-\alpha x}y) \\ &= e^{-\alpha x}(a_0 + a_1(D-\alpha) + \cdots + a_n(D-\alpha)^n)y \\ &= e^{-\alpha x}P(D-\alpha)y\end{aligned}$$

が得られるので，証明したい式が導けた． ■

命題 5.15 を次のように書き換えておく．

命題 5.16 微分演算子 $P(D) = a_0 + a_1 D + \cdots + a_n D^n$ に対し
$$\frac{1}{P(D)}(e^{\alpha x}g(x)) = e^{\alpha x}\frac{1}{P(D+\alpha)}g(x). \tag{5.18}$$

問題 5.17 $y'' - 4y' + 4y = 6xe^{2x}$ の一般解を求めよ．

無限級数 (冪級数) をヒントにした解法を紹介しよう．

例題 5.18 1 階線型常微分方程式 $y' - y = -x^2$ を解け．

解 $y' - y = -x^2$ は $(1-D)y = x^2$ と書き換えられる．これを少し一般化

した常微分方程式 $(1-D)y = f(x)$ で説明を始める．$(1-D)y = f(x)$ は $y = f + Dy$ と書き換えられる．そこで

$$y = f + Dy = f + D(f + Dy) = f + Df + D^2 y$$
$$= f + Df + D^2(f + Dy) = f + Df + D^2 f + D^3 y$$
$$= f + Df + D^2 f + D^3(f + Dy)$$

この計算を続けていくと

$$y = f + Df + D^2 f + \cdots + D^n f + \cdots = (1 + D + D^2 + \cdots + D^n + \cdots)f.$$

ということは

$$\frac{1}{1-D} = 1 + D + D^2 + \cdots + D^n + \cdots$$

という関係が導けた．これは冪級数 (未習の読者は第 6 章の例 6.14 を参照)

$$\frac{1}{1-x} = \sum_{n=0}^{\infty} x^n, \quad |x| < 1$$

において x を D に置き換えたものになっている (付録 B も参照)．ではこの関係式を使って常微分方程式 $(1-D)y = x^2$ の特殊解を求めてみよう．

$$\frac{1}{1-D}x^2 = (1 + D + D^2 + \cdots + D^n + \cdots)x^2 = x^2 + 2x + 2.$$

余函数は Ce^x で与えられるからこの線型常微分方程式の一般解は $x^2 + 2x + 2 + Ce^x$. □

問題 5.19 $D - 2 = -2(1 - D/2)$ および $D^2 + 1 = 1 - (-D^2)$ に着目して $(D-2)(D^2+1)y = x^2 + 1$ の特殊解を求めよ．

5.3 山辺の方法

線型常微分方程式 $y'' + py' + qy = r(x)$ の特殊解を求める方法をこれまでに説明してきた．この節では $r(x)$ が多項式のときに有効な計算方法である山辺の方法を紹介する．

例題 5.20 $y'' - 2y' + y = x^2$ の特殊解を求めよ．

解 特殊解 y_0 は

$$y_0 = \frac{1}{D^2 - 2D + 1}x^2$$

で求められる．この計算を**筆算**で実行しよう．

$$\begin{array}{r} x^2 + 4x + 6 \\ 1 - 2D + D^2 \overline{\smash{\big)}\, x^2 } \\ \underline{x^2 - 4x + 2} \\ 4x - 2 \\ \underline{4x - 8} \\ 6 \\ \underline{6} \\ 0 \end{array}$$

この筆算で特殊解 $y_0 = x^2 + 4x + 6$ が求められていることに注意してほしい．筆算で特殊解が求められていることを確かめよう．

$$(1 - 2D + D^2)x^2 = x^2 - 4x + 2$$
$$(1 - 2D + D^2)4x = 4x - 8$$
$$(1 - 2D + D^2)6 = 6$$

より確かに

$$(1 - 2D + D^2)(x^2 + 4x + 6) = x^2$$

となっている．この筆算のことを**山辺の方法**とよぶ[2]． □

問題 5.21 次の常微分方程式の特殊解を山辺の方法で求めよ．
(1) $(D-1)y = -x^2$ （例題 5.18）．
(2) $(D^3 + D)y = x^2$．

例題 5.22 $y' + 2y = x^2 e^{3x}$ の特殊解を山辺の方法を用いて見つけよ．

2] 山辺英彦 (1923–1960)．兵庫県芦屋市生まれ．大阪大学教授，ミネソタ大学教授を経てノースウエスタン大学教授．ヒルベルトの 5 番問題の解決や山辺の問題で知られる微分幾何学者．

解 $(D+2)y = e^{3x} x^2$ に公式 (5.18) を使うと特殊解 y_0 が

$$y_0 = \frac{1}{D+2}(e^{3x} x^2) = e^{3x} \frac{1}{(D+3)+2} x^2$$

で求められる．

$$
\begin{array}{r}
\frac{x^2}{5} - \frac{2}{25}x + \frac{2}{125} \\
5+D \overline{\smash{)}\, x^2 } \\
x^2 + \frac{2}{5}x \\
\hline
-\frac{2}{5}x \\
-\frac{2}{5}x - \frac{2}{25} \\
\hline
\frac{2}{25} \\
\frac{2}{25} \\
\hline
0
\end{array}
$$

より

$$y_0 = e^{3x}\left(\frac{x^2}{5} - \frac{2x}{25} + \frac{2}{125}\right).$$

□

問題 5.23 次の常微分方程式の特殊解を山辺の方法で求めよ．
(1) $(D+5)(D+3)(D+1)y = xe^{-2x}$．
(2) $(D+1)(D+2)(D-3)y = x^2 e^x$．

COLUMN | 擬微分作用素

この章では多項式 $P(t)$ に微分演算子 D を代入して得られる微分演算子 $P(D) = \sum_{k=0}^{n} a_k D^k$ を扱った．係数 a_k は定数であることに注意しよう．数学・数理科学・理工学の諸分野ではもっと一般的な微分演算子を扱う．たとえば係数 a_k を x の関数としたり (変数係数)，k を負の整数まで拡げたりする．変数係数の微分演算子

$$P(D) = \sum_{k=0}^{n} a_k(x)D^k, \quad Q(D) = \sum_{k=0}^{m} b_k(x)D^k$$

については積の計算で注意が必要である．一般には $P(D)Q(D) \neq Q(D)P(D)$ である．たとえば $P(D) = D^n$, $Q(D) = u(x)$ としよう ($u(x)$ は x の函数).

このとき $(Q(D)P(D)f)(x) = u(x)f^{(n)}(x)$ であるが

$$P(D)(Q(D)f)(x) = D^n(u(x)f(x)) = \sum_{k=0}^{n} {}_nC_k\, u^{(k)}(x)f^{(n-k)}(x)$$

と計算される (ライプニッツの公式). そこで f に $D^n(uf)$ を対応させる規則を $D^n \circ u$ と書いて uD^n と区別がつくようにする.

$$D^n \circ u = \sum_{k=0}^{n} {}_nC_k\, u^{(k)}(x)D^{(n-k)}.$$

この約束をしておくと積の計算を間違いなく行える．たとえば $P(D) = D + v(x)$ について

$$P(D)^2 = (D+v) \circ (D+v) = D \circ D + D \circ v + v \circ D + v \circ v$$
$$= D^2 + D \circ v + vD + v^2$$

と計算できる．

さらに $M(D) = \sum_{k=0}^{\infty} m_k(x)D^{n-k}$ のような演算子を考え，形式的擬微分演算子とよぶ．$M(D)$ の微分演算子になっている部分だけをとりだしたものを $M_+(D)$ で表す：

$$M_+(D) = \sum_{k=0}^{n} m_k(x)D^{n-k}.$$

変数係数の微分演算子 $L = D^2 + u(x)$ について $L^{\frac{1}{2}}$ を求めてみよう．L は u をポテンシャルにもつスツルム–リウヴィル演算子とか 1 次元シュレディンガー演算子とよばれる大事な演算子である．$L^{\frac{1}{2}} = D + \sum_{n=1}^{\infty} L_n(x)D^{-n}$ とおいて $L^{\frac{1}{2}} \circ L^{\frac{1}{2}}$ を計算すると

$$L = L^{\frac{1}{2}} \circ L^{\frac{1}{2}} = D^2 + 2\sum_{n=1}^{\infty} L_n(x)D^{1-n} + \sum_{n=1}^{\infty}(DL_n)(x)D^{-n}$$
$$+ \sum_{l=0}^{\infty}\sum_{m,n=1}^{\infty} L_n(x)(D^l L_m)(x)D^{-m-n-l}$$

と計算されるので両辺を比較して

$$L^{\frac{1}{2}} = D + \frac{1}{2}uD^{-1} - \frac{1}{4}u'D^{-2} + \frac{1}{8}(u'' - u^2)D^{-3} + \cdots$$

と求められる．同様な計算で $L^{\frac{3}{2}}$ の微分演算子部分が $L^{\frac{3}{2}}_+ = D^3 + \dfrac{3}{2}uD + \dfrac{3}{4}u'$ と求められる．このような一見不思議な計算が，数理科学の多くの場面に登場する非線型波動方程式を導く．L のポテンシャル $u(x)$ が時間の変化にともなって変化するとしよう．$L = D^2 + u(x,t)$ に対し

$$\frac{\mathrm{d}L}{\mathrm{d}t} = \frac{\partial u}{\partial t}, \quad A := L^{\frac{3}{2}}_+$$

と選び微分演算子についての微分方程式 $\dfrac{\mathrm{d}L}{\mathrm{d}t} + LA - AL = 0$ を計算すると $u(x,t)$ に関する偏微分方程式 (偏微分については 6.8 節参照)

$$\frac{\partial u}{\partial t} + \frac{3}{2}u\frac{\partial u}{\partial x} + \frac{1}{4}\frac{\partial^3 u}{\partial x^3} = 0$$

が得られる．この方程式は KdV 方程式とよばれている．微分演算子の微分方程式 $\dfrac{\mathrm{d}L}{\mathrm{d}t} + LA - AL = 0$ は KdV 方程式のラックス表示とよばれている．

第6章
級数解と直交多項式

[目標] 無限級数を用いて常微分方程式の解を求める方法を学ぶ．種々の理工学の問題において有用な多項式について学ぶ．

6.1 テイラー級数

まずテイラー級数について未習の読者や高校生読者のために手短かな説明をしておく．詳しい証明は略し，要点のみ述べる．既習の読者はこの節をとばして次節に進もう．

6.1.1 テイラーの定理

区間 I で定義された微分可能な函数 $y = f(x)$ を考えよう．この函数の xy 平面におけるグラフが定める曲線を C と表記する．すなわち C は

$$\{(x,y) \in \mathbb{R}^2 \mid y = f(x),\ x \in I\}$$

と表される．C 上の一点 $\mathrm{A}(a, f(a))$ における C の接線 ℓ は

$$y = f'(a)(x-a) + f(a)$$

で与えられたことを思い出そう．点 A の近くでは接線 ℓ と曲線 C は区別できないくらい近いのだから

$$x \fallingdotseq a \quad \Longrightarrow \quad f(x) \fallingdotseq f(a) + f'(a)(x-a)$$

という近似ができる．この近似式を**等式**に書き直してみたい．それには高等学校で学んだ**平均値の定理**が有効である．

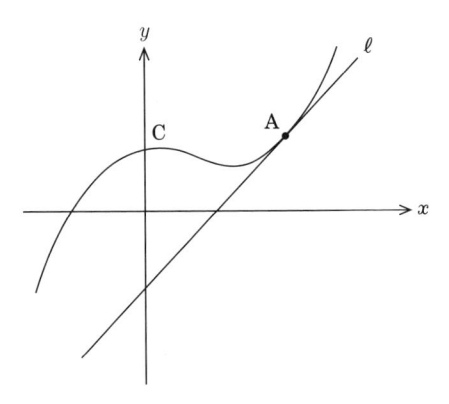

図 6.1　A の近くでは C と ℓ はとても近い．

定理 6.1　平均値の定理　函数 $y = f(x)$ は $[a, b]$ で連続で，(a, b) で微分可能であるとする．このとき

$$\frac{f(b) - f(a)}{b - a} = f'(c) \tag{6.1}$$

を満たす $c \in (a, b)$ が存在する．

平均値の定理において $\theta = \dfrac{c - a}{b - a}$ とおくと $0 < \theta < 1$ であり，

$$f(b) = f(a) + f'(a + \theta(b - a))(b - a)$$

と書き直せることに注意する．

系 6.2　平均値の定理の言い換え　函数 $y = f(x)$ は $[a, b]$ で連続で，(a, b) で微分可能であるとする．このとき

$$f(b) - f(a) = f'(a + \theta(b - a))(b - a) \tag{6.2}$$

を満たす $\theta \in (0, 1)$ が存在する．

つまり，a と b が近いときに $f(b)$ の値を $f(a)$ で代用したときの誤差は f の導函数を用いて (6.2) で求められると「平均値の定理」は述べている．

函数 $y = f(x)$ が 2 回微分可能であれば，近似の精度を上げられる．

定理 6.3 函数 $y = f(x)$ は $[a, b]$ で連続で，(a, b) で 2 回微分可能であるとする．このとき

$$f(b) = f(a) + f'(a)(b-a) + \frac{f''(a+\theta(b-a))}{2}(b-a)^2 \tag{6.3}$$

を満たす $\theta \in (0, 1)$ が存在する．

より一般に次の定理が知られている[1]．

定理 6.4 テイラーの定理 函数 $y = f(x)$ は $[a, b]$ で連続で，(a, b) で $n+1$ 回微分可能であるとする．このとき

$$f(b) = f(a) + \frac{f'(a)}{1!}(b-a) + \frac{f''(a)}{2!}(b-a)^2 + \cdots + \frac{f^{(n)}(a)}{n!}(b-a)^n + R_{n+1}(b),$$

$$R_{n+1}(b) = \frac{f^{(n+1)}(a+\theta(b-a))}{(n+1)!}(b-a)^{n+1}$$

を満たす $\theta \in (0, 1)$ が存在する．$R_{n+1}(b)$ を $(n+1)$ **次剰余項**とよぶ．

剰余項を調べることで次の結果が得られる．

定理 6.5 函数 $y = f(x)$ は開区間 $I = (a-R, a+R)$ において滑らかであるとする ($R > 0$ は定数)．I の各点 x においてテイラーの定理を適用するとき $\lim_{n \to \infty} R_n(x) = 0$ であれば函数 f は I 上で無限級数

$$f(x) = \sum_{n=0}^{\infty} \frac{f^{(n)}(a)}{n!}(x-a)^n \tag{6.4}$$

で表すことができる．このとき $y = f(x)$ は $x = a$ において (または $x = a$ のまわりで) **テイラー級数展開可能**であるといい，無限級数 (6.4) を f の $x = a$ における**テイラー級数**とよぶ．

例 6.6 指数函数 $y = e^x$ は $\mathbb{R} = (-\infty, +\infty)$ で C^∞ 級であり $f^{(n)}(x) = e^x$ を満たす．この函数は $x = 0$ において

$$e^x = \sum_{n=0}^{\infty} \frac{x^n}{n!} = 1 + \frac{x}{1} + \frac{x^2}{2!} + \cdots + \frac{x^n}{n!} + \cdots \tag{6.5}$$

1] Brook Taylor (1685–1731), *Methodus Incrementorum*, 1715, Colin Maclaurin (1698–1746), *A Treatise of Fluxions*, 1742.

とテイラー級数展開される.

例 6.7 余弦関数 $y = \cos x$ は $\mathbb{R}$ 上で C^∞ 級であり, $f^{(n)}(x) = \cos(x + n\pi/2)$ を満たす. とくに $f^{(2n)}(0) = (-1)^n$, $f^{(2n+1)}(0) = 0$. $y = \cos x$ は $x = 0$ でテイラー級数展開可能であり

$$\cos x = \sum_{n=0}^{\infty} (-1)^n \frac{x^{2n}}{(2n)!} = 1 - \frac{x^2}{2} + \frac{x^4}{4!} + \cdots + (-1)^n \frac{x^{2n}}{(2n)!} + \cdots. \quad (6.6)$$

例 6.8 正弦関数 $y = \sin x$ は $\mathbb{R}$ 上で C^∞ 級であり, $f^{(n)}(x) = \sin(x + n\pi/2)$ を満たす. とくに $f^{(2n+1)}(0) = (-1)^n$, $f^{(2n)}(0) = 0$. $y = \sin x$ は $x = 0$ でテイラー級数展開可能であり, その級数展開は次式で与えられる.

$$\sin x = \sum_{n=0}^{\infty} (-1)^n \frac{x^{2n+1}}{(2n+1)!} = x - \frac{x^3}{3!} + \frac{x^5}{5!} + \cdots + (-1)^n \frac{x^{2n+1}}{(2n+1)!} + \cdots. \quad (6.7)$$

双曲余弦関数, 双曲正弦関数のテイラー級数展開は次で与えられる.

例 6.9 双曲余弦関数 $y = \cosh x$ は $\mathbb{R}$ 上で C^∞ 級であり, $f^{(2n)}(x) = \cosh x$, $f^{(2n+1)}(x) = \sinh x$ を満たすのでとくに $f^{(2n)}(0) = 1$, $f^{(2n+1)}(0) = 0$. $y = \cosh x$ は $x = 0$ でテイラー級数展開可能であり

$$\cosh x = \sum_{n=0}^{\infty} \frac{x^{2n}}{(2n)!} = 1 + \frac{x^2}{2} + \frac{x^4}{4!} + \cdots + \frac{x^{2n}}{(2n)!} + \cdots. \quad (6.8)$$

例 6.10 双曲正弦関数 $y = \sinh x$ は $\mathbb{R}$ 上で C^∞ 級であり, $f^{(2n)}(x) = \sinh x$, $f^{(2n+1)}(x) = \cosh x$ なので $f^{(2n+1)}(0) = 1$, $f^{(2n)}(0) = 0$. $y = \sinh x$ は $x = 0$ でテイラー級数展開可能であり

$$\sinh x = \sum_{n=0}^{\infty} \frac{x^{2n+1}}{(2n+1)!} = x + \frac{x^3}{3!} + \frac{x^5}{5!} + \cdots + \frac{x^{2n+1}}{(2n+1)!} + \cdots. \quad (6.9)$$

最後に対数関数のテイラー級数展開を説明しておく.

例 6.11 対数関数 $y = \log(1 + x)$ は $(-1, +\infty)$ 上で C^∞ 級であり,

$$f^{(n)}(x) = (-1)^{n-1}\frac{(n-1)!}{(1+x)^n}.$$

この函数は $-1 < x \leqq 1$ においてテイラー級数展開可能であり，そのテイラー級数は

$$\log(1+x) = \sum_{n=1}^{\infty}(-1)^{n-1}\frac{x^n}{n} = x - \frac{x^2}{2} + \frac{x^3}{3} + \cdots + (-1)^{n-1}\frac{x^n}{n} + \cdots \quad (6.10)$$

で与えられる．

6.1.2 収束半径

$$\sum_{n=0}^{\infty} a_n(x-a)^n = a_0 + a_1(x-a) + a_2(x-a)^2 + \cdots + a_n(x-a)^n + \cdots$$

という形をした無限級数を a を中心とする冪級数 (または整級数) とよぶ．テイラー級数は冪級数の例である．

冪級数の収束範囲を考える上で次の定理が有効である．

定理 6.12 冪級数 $\sum_{n=0}^{\infty} a_n(x-a)^n$ に対し $\alpha = \lim_{n\to\infty}\left|\frac{a_{n+1}}{a_n}\right|$ が存在するとき，R を

$$R = \begin{cases} \dfrac{1}{\alpha} & (\alpha \neq 0, +\infty) \\ 0 & (\alpha = +\infty) \\ +\infty & (\alpha = 0) \end{cases}$$

で定めると

(1) $(-R, R)$ において $\sum_{n=0}^{\infty}|a_n(x-a)^n|$ は収束する．とくに $\sum_{n=0}^{\infty} a_n(x-a)^n$ も収束する．

(2) $|x| > R$ ならば $\sum_{n=0}^{\infty} a_n(x-a)^n$ は収束しない．

この R を冪級数 $\sum_{n=0}^{\infty} a_n(x-a)^n$ の**収束半径**とよぶ．

以下，記述の簡略化のため $a = 0$ の場合を説明しておく[2]．

2] $\sum_{n=0}^{\infty} a_n(x-a)^n$ を扱う際は以下で挙げる式で x を $x-a$ で置き換えればよい．

例 6.13 $e^x = \sum\limits_{n=0}^{\infty} \dfrac{x^n}{n!}$, $\cos x = \sum\limits_{n=0}^{\infty} (-1)^n \dfrac{x^{2n}}{(2n)!}$, $\sin x = \sum\limits_{n=0}^{\infty} (-1)^n \dfrac{x^{2n+1}}{(2n+1)!}$, $\cosh x = \sum\limits_{n=0}^{\infty} \dfrac{x^{2n}}{(2n)!}$, $\sinh x = \sum\limits_{n=0}^{\infty} \dfrac{x^{2n+1}}{(2n+1)!}$ はどれも収束半径は $R = +\infty$ である. $\log(1+x) = \sum\limits_{n=1}^{\infty} (-1)^{n-1} \dfrac{x^n}{n}$ の収束半径は 1 である.

例 6.14 冪級数 $\sum\limits_{n=0}^{\infty} x^n$ の収束半径は 1 である. $(-1, 1)$ において
$$\frac{1}{1-x} = \sum_{n=0}^{\infty} x^n$$
が成立する.

注意 等式 $1/(1-x) = \sum\limits_{n=0}^{\infty} x^n$ は $(-1, 1)$ 以外では成立しない. たとえば $x = 2$ と選ぶと左辺 $= -1$ だが右辺は $\sum\limits_{n=0}^{\infty} 2^n = \infty$ となり矛盾.

例 6.15 ニュートンの一般二項定理 $\alpha \in \mathbb{R}$ に対し
$$\binom{\alpha}{k} = \frac{\alpha(\alpha-1)\cdots(\alpha-k+1)}{k!}, \quad k = 0, 1, 2, \cdots$$
と定め**一般二項係数**とよぶ. α が負でない整数 n のとき,
$$\binom{n}{k} = {}_n\mathrm{C}_k, \quad 0 \leqq k \leqq n$$
であることに注意.

一般に冪級数 $\sum\limits_{k=0}^{\infty} \binom{\alpha}{k} x^k$ の収束半径は 1 であり, テイラー級数展開 $(1+x)^\alpha = \sum\limits_{k=0}^{\infty} \binom{\alpha}{k} x^k$ が $|x| < 1$ で成立する. なお $\alpha = n$ が負でない整数のとき $(1+x)^n$ は多項式であり収束半径は $+\infty$ である.

一般二項定理を使うと $|x| < 1$ におけるテイラー級数展開
$$\frac{1}{1+x} = 1 - x + x^2 - \cdots + (-1)^n x^n + \cdots$$

$$\frac{1}{(1+x)^2} = 1 - 2x + 3x^3 + \cdots + (-1)^n(n+1)x^n + \cdots$$

$$\sqrt{1+x} = 1 + \frac{1}{2}x - \frac{1}{2 \cdot 4}x^2 + \cdots + (-1)^{n-1}\frac{1 \cdot 3 \cdots (2n-3)}{2 \cdot 4 \cdots 2n}x^n + \cdots$$

が得られる．

冪級数 $\sum_{n=0}^{\infty} a_n x^n$ の収束半径が $R > 0$ (または $R = +\infty$) のとき，

$$f: (-R, R) \to \mathbb{R}; \quad x \longmapsto f(x) := \sum_{n=0}^{\infty} a_n x^n$$

で函数 $f(x)$ が定まる．この函数 $f(x)$ に対して次の定理が成立する．

定理 6.16 $f(x) = \sum_{n=0}^{\infty} a_n x^n$ は $(-R, R)$ で C^∞ 級である．f の導函数は

$$f'(x) = \frac{d}{dx}\sum_{n=0}^{\infty} a_n x^n$$
$$= \sum_{n=0}^{\infty} \frac{d}{dx}(a_n x^n) = \sum_{n=1}^{\infty} a_n(nx^{n-1})$$

と計算される．この計算法を**項別微分**という．

項別微分を繰り返し行うことで k 階導函数 $f^{(k)}(x)$ は

$$f^{(k)}(x) = \sum_{n=k}^{\infty} n(n-1)\cdots(n-k+1)a_n x^{n-k}, \quad k \geqq 1$$

と求められる．$f^{(k)}(x)$ の収束半径も R である．とくに $f^{(k)}(0) = k!\, a_k$ が得られるから

$$f(x) = \sum_{n=0}^{\infty} a_n x^n = \sum_{n=0}^{\infty} \frac{f^{(n)}(0)}{n!}x^n$$

と書き直せる．ということは，収束半径 R が正の冪級数 $\sum_{n=0}^{\infty} a_n x^n$ が定める函数 $f(x)$ のテイラー級数展開ともともとの冪級数が一致することが言えた．

同様に**項別積分**

$$\int_0^x f(x)\,dx = \int_0^x \sum_{n=0}^{\infty} a_n x^n\,dx = \sum_{n=0}^{\infty} \int_0^x a_n x^n\,dx = \sum_{n=0}^{\infty} \frac{a_n}{(n+1)!}x^{n+1}$$

も行える．

定義 6.17 函数 $y = f(x)$ は区間 I で定義されているとする．$a \in I$ において，正の数 R が存在し

- $(a - R, a + R) \subset I$,
- $f(x)$ は開区間 $(a - R, a + R)$ において収束する冪級数 $f(x) = \sum\limits_{n=0}^{\infty} a_n(x - a)^n$ で表せる

という条件を満たすとき，函数 $y = f(x)$ は $x = a$ において (または，$x = a$ のまわりで) **解析的**であるという．このとき冪級数 $f(x) = \sum\limits_{n=0}^{\infty} a_n(x - a)^n$ は f の $x = a$ におけるテイラー級数展開と一致する．

6.2 級数解

これまで扱ってきた微分方程式の実例は既知の函数 (多項式函数，指数函数，三角函数，双曲線函数など) で一般解を表せた．しかしながら，実際の研究現場で扱うことになる常微分方程式では**既知の函数で一般解を表せない**ことが多い．そのような場合に解の性質を調べる方法はないのだろうか．一つの方法として**冪級数を用いる**ことが挙げられる．例 1.1 の指数的増殖の方程式 (例題 2.3 で解を求めた) を使って実験してみよう．

指数的増殖の方程式 $y' = ry$ が原点 $x = 0$ のまわりで収束する冪級数 $y = \sum\limits_{n=0}^{\infty} a_n x^n$ に展開できる解をもつと**仮定**する．そこで $y = \sum\limits_{n=0}^{\infty} a_n x^n$ を指数的増殖の方程式に代入してみよう．項別微分を行って

$$y' = \frac{d}{dx} \sum_{n=0}^{\infty} a_n x^n = \sum_{n=1}^{\infty} n a_n x^{n-1} = \sum_{n=0}^{\infty} (n+1) a_{n+1} x^n.$$

これが $ry = \sum\limits_{n=0}^{\infty} r a_n x^n$ と一致するから漸化式

$$a_{n+1} = \frac{r}{n+1} a_n$$

が得られた．この漸化式は容易に解ける．

$$a_{n+1} = \frac{r}{n+1} a_n = \frac{r}{n+1} \frac{r}{n} a_{n-1} = \cdots = \frac{r^{n+1}}{(n+1)!} a_0.$$

そこで $a_0 = A$ とおくと $a_n = A r^n / n!$ であるので

$$y = \sum_{n=0}^{\infty} \frac{Ar^n}{n!} x^n = Ae^{rx}$$

が得られた．この冪級数の収束半径は $+\infty$．この例では冪級数が既知の函数となったがつねにこのようなことが起こるとは期待できない．一般には

- 基準とする点 a を決め，$x = a$ を中心とする冪級数で表せる解が存在することを仮定して係数の数列 $\{a_n\}$ の漸化式を求める．
- 漸化式を解いて冪級数を定める．その冪級数を**形式解**とか形式的冪級数解とよぶ．
- 形式解の収束半径 R を求める．$(a-R, a+R)$ で形式解は収束し解析的な解を定める．この解を**解析解**とか**級数解**とよぶ．

という手続きになる．

以後の章では変数係数で斉次な 2 階線型常微分方程式

$$y'' + p(x)y' + q(x)y = 0$$

の級数解を求めてみる．係数函数 $p(x), q(x)$ が $x = x_0$ のまわりで解析的であるとき x_0 をこの微分方程式の**正則点** (または正常点) であるという．この章では簡単のため $x = 0$ を正則点とする微分方程式を取り扱う．

6.3　ルジャンドル多項式

例題 6.18　常微分方程式

$$(1-x^2)y'' - 2xy' + n(n+1)y = 0 \tag{6.11}$$

の $x = 0$ のまわりでの級数解を求めよ．(6.11) を**ルジャンドルの微分方程式**とよぶ．ただし n は非負の整数とする．

解　(6.11) の両辺を $(1-x^2)$ で割って

$$y'' - \frac{2x}{1-x^2} y' + \frac{n(n+1)}{1-x^2} y = 0$$

と書き直して考える．$|x| < 1$ ならば

$$\frac{1}{1-x^2} = \sum_{k=0}^{\infty} x^{2k}$$

は収束するから $|x| < 1$ の範囲で級数解を求められる. $y = \sum\limits_{k=0}^{\infty} a_k x^k$ とおいて (6.11) に代入すると

$$\sum_{k=2}^{\infty} k(k-1)a_k x^{k-2} - \sum_{k=2}^{\infty} k(k-1)a_k x^k - 2\sum_{k=1}^{\infty} ka_k x^k + n(n+1)\sum_{k=0}^{\infty} a_k x^k = 0$$

となる. これを整理して[3]

$$\sum_{k=0}^{\infty} \{(k+2)(k+1)a_{k+2} - (k+n+1)(k-n)a_k\} x^k = 0$$

となるから

$$(k+2)(k+1)a_{k+2} - (k+n+1)(k-n)a_k = 0.$$

すなわち漸化式

$$a_{k+2} = \frac{(n+k+1)(k-n)}{(k+2)(k+1)} a_k, \quad k = 0, 1, 2, \cdots \tag{6.12}$$

が得られた.

$$a_2 = \frac{(n+0+1)(0-n)}{(0+2)(0+1)} a_0 = -\frac{n(n+1)}{2!} a_0,$$

$$a_4 = \frac{(n+2+1)(2-n)}{(2+2)(2+1)} a_2 = \frac{n(n-2)\cdot(n+1)(n+3)}{4!} a_0$$

と計算されるから一般に

$$a_{2k} = (-1)^k \frac{n(n-2)\cdots(n-2k+2)\cdot(n+1)(n+3)\cdots(n+2k-1)}{(2k)!} a_0, \quad k \geqq 1$$

が得られる. 同様に

$$a_{2k+1} = \frac{(n+2)\cdots(n+2k)\cdot(n-1)(n-3)\cdots(n+2k+1)}{(2k+1)!} a_1, \quad k \geqq 1$$

も得られる. そこで級数解 $y_{n;1}$ と $y_{n;2}$ を次のように定めよう.
- $a_0 \neq 0, a_1 = 0$ で定まる級数解を $y_{n;1}$,
- $a_0 = 0, a_1 \neq 0$ で定まる級数解を $y_{n;2}$ とする.

3] 番号をずらして

$$\sum_{k=2}^{\infty} k(k-1)a_k x^{k-2} = \sum_{k=0}^{\infty} (k+2)(k+1)a_{k+2} x^k$$

のように変形して,すべての和を $\sum\limits_{k=0}^{\infty}$ にそろえればよい.

すると $y_{n;1}, y_{n;2}$ はそれぞれ偶数冪と奇数冪を集めたもの

$$y_{n;1}(x) = \sum_{k=0}^{\infty} a_{2k} x^{2k}, \quad y_{n;2}(x) = \sum_{k=0}^{\infty} a_{2k+1} x^{2k+1}$$

になっている. $y_{n;1}$ と $y_{n;2}$ は線型独立であり (6.11) の基本解を与える. □

問題 6.19 $\lim_{k\to\infty} \left|\dfrac{a_k}{a_{k+2}}\right| = 1$ を確かめよ. したがって $y_{n;1}, y_{n;2}$ の収束半径は 1 であることがわかる.

n の偶奇に注意して $y_{n;1}, y_{n;2}$ をさらに調べる.

- $n = 2m > 0$ のとき:
  a_{2k} の分子は

  $$2m(2m-2)\cdots\{2m-2(k-1)\} \cdot (2m+1)(2m+3)\cdots(2m+2k-1)$$

  であるから $k = m+1$ と選ぶと $a_{2m+2} = a_{2(m+1)} = 0$ がわかる. すると漸化式より $a_{2m+4} = 0$ となるから, 結局, $y_{2m;1}$ は x の多項式

  $$y_{2m;1}(x) = \sum_{k=0}^{m} a_{2k} x^{2k} = a_0 + a_2 x + \cdots + a_{2m} x^{2m}$$

  であることがわかる. $y_{2m;2}$ の方は分子が 0 になることはないから多項式ではない.

- $n = 2m+1$ のとき:
  a_{2k+1} の分子は $k \geq m+1$ のとき 0 となるから $y_{2m+1;2}$ は $(2m+1)$ 次多項式である. $y_{2m+1;1}$ の方は多項式ではない.

- $n = 0$ のとき:
  $y_{0;1}(x) = a_0$. $y_{0;2}(x)$ は多項式ではない.

したがって基本解 $\{y_{n;1}, y_{n;2}\}$ のうち一方は多項式であることがわかった. $y_{2m;1}$ と $y_{2m+1;2}$ を合わせて, ルジャンドル多項式[4] とよばれる多項式 (の集合) を定める.

---

[4] ルジャンドル (A. M. Legendre, 1752–1833) の論文「均質な楕円体の引力に関する研究」(1785), 「惑星の形状に関する研究」(1787) に由来する.

定義 6.20 n を負でない整数とする．多項式 $P_n(x)$ を以下の要領で定め，n 次ルジャンドル多項式とよぶ．

- $n = 2m$:

$$a_0 = \frac{(-1)^m (2m)!}{2^{2m}(m!)^2}, \quad a_1 = 0$$

で定まる $2m$ 次多項式 $y_{2m;1}(x)$ を $P_{2m}(x)$ と定める．$P_0(x) = 1$ である．

- $n = 2m+1$:

$$a_0 = 0, \quad a_1 = \frac{(-1)^m (2m+1)!}{2^{2m}(m!)^2}$$

で定まる $2m+1$ 次多項式 $y_{2m+1;2}(x)$ を $P_{2m+1}(x)$ と定める．

このように a_0, a_1 を選ぶ理由はどの番号 n についても，$P_n(1) = 1$ が成立するためである．

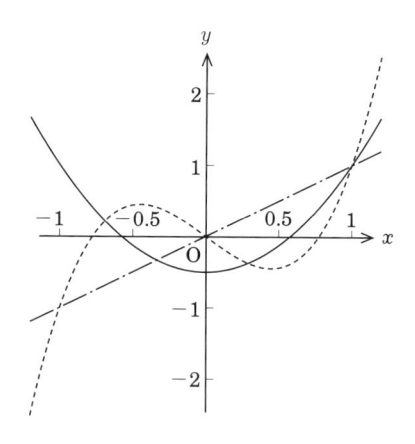

図 6.2 ルジャンドル多項式のグラフ．$-\cdot-$ $y = P_1(x)$, ——— $y = P_2(x)$, ---- $y = P_3(x)$.

定理 6.21 ロドリーグの公式 ルジャンドル多項式は次の公式で求められる．

$$P_n(x) = \frac{1}{2^n n!} \frac{\mathrm{d}^n}{\mathrm{d}x^n} (x^2 - 1)^n. \tag{6.13}$$

証明 $D^n(x^2-1)^n$

$$= D^n\left(\sum_{k=0}^{n} {}_nC_k(-1)^k(x^2)^{n-k}\right)$$

$$= \sum_{k=0}^{n} {}_nC_k(-1)^k D^n\left(x^{2n-2k}\right)$$

$$= \sum_{k=0}^{n} (-1)^k {}_nC_k(2n-2k)(2n-2k-1)\cdots(2n-2k-(n-1))x^{n-2k}.$$

ここで

$$P_{n-2k} = (-1)^k {}_nC_k(2n-2k)(2n-2k-1)\cdots(2n-2k-(n-1))$$

とおく．つまり，$D^n(x^2-1)^n = \sum_{k=0}^{n} P_{n-2k} x^{n-2k}$ と書く．ここで $P_{n-2(k-1)}/P_{n-2k}$ を計算すると

$$\frac{P_{n-2(k-1)}}{P_{n-2k}} = -\frac{2k(2n-2k+1)}{(n-2k+2)(n-2k+1)}$$

を得る．$n-2k=m$ とおくと

$$P_{m+2} = -\frac{(n+m+1)(n-m)}{(m+2)(m+1)} P_m$$

となるから，これはルジャンドル多項式の係数を決めるときの漸化式 (6.12) と同じ式である．ということは，$D^n(x^2-1)^n$ はルジャンドル多項式の定数倍のはず[5]．そこで $D^n(x^2-1)^n = CP_n(x)$ とおく．この両辺で $x=1$ と選んだときの値

5]　たとえば $n=2m$ のとき

$$P_{2k} = (-1)^k \frac{n(n-2)\cdots(n-2k+2)\cdot(n+1)(n+3)\cdots(n+2k-1)}{(2k)!} P_0, \quad k \geq 1$$

が得られるから，

$$D^n(x^2-1)^n = \sum_{k=0}^{m} P_{2k} x^{2k}$$

$$= P_0\left(1 + \sum_{k=0}^{m}(-1)^k \frac{n(n-2)\cdots(n-2k+2)\cdot(n+1)(n+3)\cdots(n+2k-1)}{(2k)!}\right) x^{2k}$$

となる．一方，

$$P_{2k}(x) = \sum_{k=0}^{m} a_{2k} x^{2k}$$

$$= a_0\left(1 + \sum_{k=0}^{m}(-1)^k \frac{n(n-2)\cdots(n-2k+2)\cdot(n+1)(n+3)\cdots(n+2k-1)}{(2k)!}\right) x^{2k},$$

ただし $a_0 = (-1)^m(2m)!/\{(2^{2m}(m!)^2)\}$ であるから，$D^n(x^2-1)^n$ は $P_{2k}(x)$ の定数倍．

を求める．右辺は $CP_n(1) = C \cdot 1 = C$. 一方，

$$D^n(x^2-1)^n = D^n\{(x-1)^n(x+1)^n\}$$
$$= \sum_{k=0}^{n} {}_n\mathrm{C}_k D^k(x-1)^n \cdot D^{n-k}(x+1)^n$$
$$= D^n\{(x-1)^n\} \cdot (x+1)^n + \sum_{k=0}^{n-1} {}_n\mathrm{C}_k D^k(x-1)^n \cdot D^{n-k}(x+1)^n$$
$$= n!(x+1)^n + \sum_{k=0}^{n-1} {}_n\mathrm{C}_k D^k(x-1)^n \cdot D^{n-k}(x+1)^n.$$

ここで $x=1$ を代入すると右辺の $\sum_{k=0}^{n-1} {}_n\mathrm{C}_k D^k(x-1)^n \cdot D^{n-k}(x+1)^n$ は 0 になる．したがって $D^n(x^2-1)^n|_{x=1} = 2^n n!$ となる．したがって $C = 2^n n!$. ∎

系 6.22

$$P_n(x) = \sum_{k=0}^{[n/2]} (-1)^k \frac{(2n-2k)!}{2^n k!(n-k)!(n-2k)!} x^{n-2k}. \tag{6.14}$$

$[n/2]$ は n が偶数のとき $n/2$, 奇数のときは $(n-1)/2$ を表す (iv ページの「本書で用いる記号」参照).

証明 ライプニッツの公式 (5.1) とロドリーグの公式を使って証明する．

$$P_n(x) = \frac{1}{2^n n!} D^n\{(x^2-1)^n\}$$
$$= \frac{1}{2^n n!} D^n \left(\sum_{k=0}^{n} {}_n\mathrm{C}_k (-1)^k x^{2n-2k} \right)$$
$$= \sum_{k=0}^{[n/2]} \frac{1}{2^n n!} {}_n\mathrm{C}_k \frac{(2n-2k)!}{2^n k!(n-k)!(n-2k)!} x^{n-2k}. \quad \blacksquare$$

ロドリーグの公式 (6.13) あるいは (6.14) を使うと

$$P_0(x) = 1, \quad P_1(x) = x, \quad P_2(x) = \frac{1}{2}(3x^2-1), \quad P_3(x) = \frac{5}{2}\left(x^3 - \frac{3}{5}x\right), \quad \cdots$$

と計算できる．また

$$P_n(1) = 1, \quad P_n(-1) = (-1)^n, \quad P_{2n+1}(0) = 0, \quad P_{2n}(0) = \frac{(-1)^n (2n-1)!!}{2^n n!}$$

である．ここで記号 $(2n-1)!!$ は「本書で用いる記号」で述べたように $(2n+1)!! = 1 \cdot 3 \cdot 5 \cdots (2n+1)$ を意味する．

注意 ルジャンドル多項式の漸化式　ルジャンドル多項式は次の漸化式を満たすことが知られている．
$$(n+1)P_{n+1}(x) - (2n+1)xP_n(x) + nP_{n-1}(x) = 0.$$

ルジャンドル多項式の基本的な性質を説明しよう．

命題 6.23 直交関係
$$\int_{-1}^{1} P_m(x)P_n(x)\,dx = \begin{cases} 0 & (m \neq n) \\ 2/(2n+1) & (m = n). \end{cases}$$
この等式をルジャンドル多項式の**直交関係**という[6]．

証明　$f(x) = (x^2-1)^n$ とおくと
$$f(\pm 1) = f'(\pm 1) = \cdots = f^{(n-1)}(\pm 1) = 0.$$
$k \leq n$ に対し
$$\int_{-1}^{1} x^k P_n(x)\,dx = \frac{1}{2^n n!} \int_{-1}^{1} x^k (f^{(n-1)}(x))'\,dx$$
$$= \left[x^k f^{(n-1)}(x) \right]_{-1}^{1} - \frac{k}{2^n n!} \int_{-1}^{1} x^{k-1} f^{(n-1)}(x)\,dx$$
$$= -\frac{k}{2^n n!} \int_{-1}^{1} x^{k-1} f^{(n-1)}(x)\,dx$$
$$= (-1)^2 \frac{k(k-1)}{2^n n!} \int_{-1}^{1} x^{k-2} f^{(n-2)}(x)\,dx$$
$$= \cdots$$
$$= \frac{(-1)^k k!}{2^n n!} \int_{-1}^{1} f^{(n-k)}(x)\,dx$$

と計算されるから

6] 直交関係という理由は 6.6 節で説明する．

- $k < n$ のとき：
$$\int_{-1}^1 x^k P_n(x)\,\mathrm{d}x = \frac{(-1)^k k!}{2^n n!}\left[f^{(n-k-1)}(x)\right]_{-1}^1 = 0.$$
- $k = n$ のとき：
$$\int_{-1}^1 x^n P_n(x)\,\mathrm{d}x = \frac{(-1)^n}{2^n}\int_{-1}^1 (x^2-1)^n\,\mathrm{d}x = \frac{2}{2^n}\int_0^1 (1-x^2)^n\,\mathrm{d}x.$$

ここで
$$\int_0^1 (1-x^2)^n\,\mathrm{d}x = \frac{2\cdot 4\cdots 2n}{3\cdot 5\cdots (2n+1)}$$
より
$$\int_{-1}^1 x^n P_n(x)\,\mathrm{d}x = \frac{2\cdots 2^n n! n!}{(2n+1)!}.$$

$m \neq n$ のとき，たとえば $m < n$ の場合，$P_m(x)$ の次数は $n-1$ 以下だから
$$\int_{-1}^1 P_m(x) P_n(x)\,\mathrm{d}x = 0.$$

$m = n$ のとき，$D^n\{(x^2-1)^n\} = \frac{(2n)!}{n!}x^n + \cdots$ より
$$P_m(x) = P_n(x) = \frac{(2n)!}{2^n n! n!}x^n + (n-1) 次以下の項$$
であるから
$$\int_{-1}^1 P_n(x) P_n(x)\,\mathrm{d}x = \frac{(2n)!}{2^n n! n!}\int_{-1}^1 x^n P_n(x)\,\mathrm{d}x$$
$$= \frac{(2n)!}{2^n n! n!}\cdot\frac{2\cdot 2^n n! n!}{(2n+1)!} = \frac{2}{2n+1}.$$

以上より直交関係が確かめられた．

問題 6.24

$$\int_0^1 (1-x^2)^n\,\mathrm{d}x = \frac{2\cdot 4\cdots 2n}{3\cdot 5\cdots (2n+1)}$$
を確かめよ．

定理 6.25　$n-1$ 次以下のすべての多項式 $f(x)$ に対し
$$\int_{-1}^{1} f(x) P_n(x) \, dx = 0.$$
逆にすべての $(n-1)$ 次以下の多項式 $f(x)$ に対し
$$\int_{-1}^{1} f(x) P(x) \, dx = 0$$
を満たす n 次多項式 $P(x)$ は $P_n(x)$ の定数倍である.

証明　前半の主張は命題 6.23 の証明中にすでに得られている. 後半を示す. $P_n(x)$ を定数 c 倍して $P(x) - cP_n(x)$ が $(n-1)$ 次以下にできる. そこで $f(x) = P(x) - cP_n(x)$ とおくと
$$\int_{-1}^{1} f(x)^2 \, dx = \int_{-1}^{1} f(x)(P(x) - cP_n(x)) \, dx$$
$$= \int_{-1}^{1} f(x) P(x) \, dx - c \int_{-1}^{1} f(x) P_n(x) \, dx = 0.$$
したがって $f(x)^2 = 0$, つまり $P(x) = cP_n(x)$. ∎

注意　ルジャンドルの微分方程式の基本解 $\{y_{n;1}, y_{n;2}\}$ のうち, 一方はルジャンドル多項式である. もう一方は多項式ではない. 実際には
$$Q_n(x) = \frac{1}{2} P_n(x) \log \frac{x+1}{x-1} - \sum_{j=0}^{[(n-1)/2]} \frac{2n - 4j - 1}{(2j+1)(n-j)} P_{n-2j-1}(x)$$
で与えられる $Q_n(x)$ を $P_n(x)$ に線型独立な解として用いることが多い. $Q_n(x)$ を第 2 種ルジャンドル函数とよぶ. これは多項式ではない.

6.4　エルミート多項式

例題 6.26　常微分方程式
$$y'' - 2xy' + 2\alpha y = 0 \tag{6.15}$$
の $x = 0$ のまわりの級数解を求めよ (α は定数).

解 $x=0$ は正則点なので $y=\sum\limits_{n=0}^{\infty}a_n x^n$ を (6.15) に代入すると

$$\sum_{n=0}^{\infty}\{(n+2)(n+1)a_{n+2}-2(n-\alpha)a_n\}x^n=0$$

だから漸化式

$$a_{n+2}=-\frac{2(\alpha-n)}{(n+1)(n+2)}a_n$$

で係数 $\{a_n\}$ を定めればよい．最初の 2 項 a_0 と a_1 を指定して漸化式を解けば

$$a_{2n}=(-1)^n 2^n \frac{\alpha(\alpha-2)(\alpha-4)\cdots(\alpha-2n+2)}{(2n)!}a_0,$$

$$a_{2n+1}=(-1)^n 2^n \frac{\alpha(\alpha-1)(\alpha-3)\cdots(\alpha-2n+1)}{(2n+1)!}a_1$$

である．$a_0=a_1=1$ と選んで

$$y_{1;\alpha}(x)=1+\sum_{n=1}^{\infty}(-2)^n\frac{\alpha(\alpha-2)(\alpha-4)\cdots(\alpha-2n+2)}{(2n)!}x^{2n},$$

$$y_{2;\alpha}(x)=x+\sum_{n=1}^{\infty}(-2)^n\frac{\alpha(\alpha-1)(\alpha-3)\cdots(\alpha-2n+1)}{(2n+1)!}x^{2n+1}$$

と定めれば，$\{y_{1;\alpha},y_{2;\alpha}\}$ は基本解を与える． □

とくに $\alpha=n$ ($n=0,1,2,\cdots$) の場合を考えよう．ルジャンドルの微分方程式のときと同様にエルミートの微分方程式は多項式で与えられる解をもつことがわかる．

- $\alpha=2m$ のとき：

    $a_1=0$ と選ぶと $k=0,1,2,\cdots$ に対し $a_{2k+1}=0$ である．また

    $$a_{2n}=(-1)^n 2^{2n}\frac{m(m-1)(m-2)\cdots(m-n+1)}{(2n)!}a_0$$

    より $n\geqq m+1$ に対し $a_{2n}=0$. したがって $\sum\limits_{k=0}^{\infty}a_{2k}x^{2k}$ は $2m$ 次多項式．そこで $a_0=(-2)^m(2m-1)!!$ と選び $H_{2m}(x)=\sum\limits_{k=0}^{2m}a_{2k}x^{2k}$ と定める．

- $\alpha=2m+1$ のとき：

    $a_0=0$ と選ぶと $k=0,1,2,\cdots$ に対し $a_{2k}=0$ である．また $n\geqq m+1$ に対

し $a_{2n+1} = 0$. したがって $\sum_{k=0}^{\infty} a_{2k+1} x^{2k+1}$ は $2m+1$ 次多項式. そこで $a_1 = (-1)^m 2^{m+1}(2m+1)!!$ と選び $H_{2m+1}(x) = \sum_{k=0}^{2m+1} a_{2k+1} x^{2k+1}$ と定める.

このやり方で定義された多項式 $H_0(x), H_1(x), H_2(x), \cdots$ を**エルミート多項式**とよぶ[7]. このように定めると $H_n(x)$ の x^n の係数は 2^n になる. 具体的に計算すると

$$H_0(x) = 1, \quad H_1(x) = 2x, \quad H_2(x) = 4x^2 - 2, \quad H_3(x) = 8x^3 - 12x, \quad \cdots$$

である

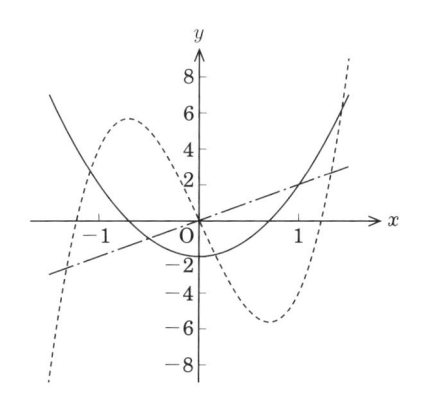

図 6.3　エルミート多項式のグラフ, $-\cdot- \; y = H_1(x)$, ——— $y = H_2(x)$, ---- $y = H_3(x)$.

定理 6.21 と同様に次の公式が成立する.

$$H_n(x) = (-1)^n e^{x^2} \frac{d^n}{dx^n} e^{-x^2}. \tag{6.16}$$

これをエルミート多項式のロドリーグ公式とよぶ. 表示式 (6.16) を使った次の問題を解いてみよう.

問題 6.27　(6.16) で定められる函数 $H_n(x)$ について次の問いに答えよ.
(1) $H_1(x), H_2(x), H_3(x)$ を求めよ.
(2) 導函数 $\dfrac{d}{dx} H_n(x)$ を $H_n(x)$ と $H_{n+1}(x)$ を用いて表せ. さらに, n に関する数学的帰納法により $H_n(x)$ が n 次多項式であることを証明せよ.

7] エルミート (C. H. Hermite, 1822–1901) の論文「函数の新しい級数展開について」(1864) に由来. エルミート以前にラプラス (P. S. de Laplace, 1794–1827) が見つけていた (1812).

(3) $n \geqq 3$ のとき，定積分 $S_n(a) = \int_0^a xH_n(x)e^{-x^2}\,dx$ を $H_{n-1}(a), H_{n-2}(a)$, $H_{n-2}(0)$ を用いて表せ．ただし a は実数とする．

(4) $n = 6$ のとき，極限値 $\lim_{a \to \infty} S_6(a)$ を求めよ．必要ならば，自然数 k に対して $\lim_{x \to \infty} x^k e^{-x^2} = 0$ が成り立つことを用いてよい．

[中央大]

$D^{n+1}(e^{-x^2})$ を計算してみる．ライプニッツの公式 (5.1) を使うと

$$D^{n+1}(e^{-x^2}) = D^n D(e^{-x^2})$$
$$= D^n(-2xe^{-x^2}) = -2D^n(x \cdot e^{-x^2})$$
$$= -2 \sum_{k=0}^{n} {}_nC_k (D^k x)(D^{n-k} e^{-x^2})$$
$$= -2xD^n(e^{-x^2}) - 2nD^{n-1}(e^{-x^2})$$
$$= -2xD^n(e^{-x^2}) - 2nD^{n-1}(e^{-x^2})$$

を得る．これを $H_{n+1}(x)$ のロドリーグ公式に代入すると漸化式

$$H_{n+1}(x) - 2xH_n(x) + 2nH_{n-1}(x) = 0, \quad n \geqq 1 \tag{6.17}$$

が得られる．一方，問題 6.27 の設問 (2) で証明した微分公式

$$\frac{d}{dx}H_n(x) = 2xH_n(x) - H_{n+1}(x)$$

の $H_{n+1}(x)$ に先ほど示した漸化式 (6.17) を代入すると次の微分公式

$$\frac{d}{dx}H_n(x) = 2nH_{n-1}(x), \quad n \geqq 1 \tag{6.18}$$

が得られる．

問題 6.28 漸化式 (6.17) と微分公式 (6.18) を用いて，$H_n(x)$ がエルミートの微分方程式 (6.15) を満たすことを確かめよ．

注意 母函数 漸化式 (6.17) と微分公式 (6.18) はエルミート多項式の母函数を用いて証明する方法も知られている．$\psi(x,t) = \sum_{n=0}^{\infty} \frac{H_n(x)}{n!} t^n$ とおくと

$$\psi(x,t) = e^{-t^2+2tx} = e^{x^2}e^{-(t-x)^2}$$

と計算される．この函数 $\psi(x,t)$ をエルミート多項式の**母函数**とよぶ．母函数を x で偏微分すると $\dfrac{\partial}{\partial x}\psi(x,t) = 2t\psi(x,t)$ であるから，微分公式 (6.18) が得られる．また $\dfrac{\partial}{\partial t}\psi(x,t) = -2(t-x)\psi(x,t)$ を満たすことから漸化式 (6.17) が得られる．詳細は読者の演習としよう．偏微分については 6.8 節参照．

問題 6.29 母函数を使って漸化式 (6.17) と微分公式 (6.18) を証明せよ．

注意 **量子力学から** エルミートの微分方程式は量子力学に登場する．質量 m，角振動数 ω の調和振動子のエネルギー準位 E はシュレディンガー方程式

$$-\frac{\hbar^2}{2m}\frac{d^2\psi}{dx^2} + \frac{1}{2}m\omega^2 x^2\psi = E\psi, \quad \hbar = \frac{h}{2\pi}$$

の固有値として求められる（h はプランク定数）．$\psi = \psi(x)$ を**波動関数**という．量子力学的要請から，$x \to \pm\infty$ で充分速く減衰する波動関数 $\psi(x)$ を求めることになる．すなわち**境界条件** $\lim_{x\to\pm\infty}\psi(x) = 0$ を満たす解である．ここで $\alpha = \sqrt{m\omega/\hbar}$，$s = \alpha x$，$\lambda = 2E/(\hbar\omega)$ とおくと**ウェーバーの微分方程式** $\psi''(s) + (\lambda - s^2)\psi(s) = 0$ に書き直される（プライム $'$ は s による微分）．さらに $\psi(s) = e^{-s^2/2}y(s)$，$\nu = (\lambda-1)/2$ とおけば $y''(s) - 2sy'(s) + 2\nu y(s) = 0$ という常微分方程式になるが，ψ に対する境界条件から，ν は負でない整数であることが導かれる．そこで $\nu = n \geqq 0$ とおくとエルミートの微分方程式 (6.15) が得られる．エネルギー準位は $E_n = \hbar\omega(n+1/2)$，$(n = 0, 1, 2, \cdots)$ で与えられる．E_n に対応する解は

$$\psi_n(x) = \sqrt{\frac{\alpha}{2^n n! \sqrt{\pi}}} H_n(\alpha x)\exp(-\alpha^2 x^2/2)$$

で与えられる．

6.5　チェビシェフ多項式

例題 6.30 n を非負の整数とする．

$$(1-x^2)y'' - xy' + n^2 y = 0$$

をチェビシェフの微分方程式とよぶ．$x = 0$ のまわりの級数解を求めよ．

解
$$y'' - \frac{x}{1-x^2}y' + \frac{n^2}{1-x^2}y = 0$$

より $x=0$ は正則点であり $|x|<1$ の範囲で級数解を求められる．$y=\sum\limits_{k=0}^{\infty} a_k x^k$ を代入すると

$$(1-x^2)\sum_{n=2}^{\infty} k(k-1)a_{k-2}x^{k-2} - x\sum_{n=1}^{\infty} ka_{k-1}x^{k-1} + n^2\sum_{n=0}^{\infty} a_k x^k = 0.$$

これを整理して

$$a_{k+2} = -\frac{n^2 - k^2}{(k+1)(k+2)}a_k$$

を得る．これより

$$a_{2k} = \frac{-n^2(2-n)\cdots(2k-2-n)(2+n)\cdots(2k-2+n)}{(2k)!}a_0,$$

$$a_{2k+1} = \frac{(1-n)\cdots(2k-1-n)(1+n)\cdots(2k-1+n)}{(2k+1)!}a_1$$

を得る．$a_0 = a_1 \neq 0$ に対し級数解 $y_{n;1}, y_{n;2}$ を $y_{n;1}(x) = \sum\limits_{k=0}^{\infty} a_{2k}x^{2k}$, $y_{n;2}(x) = \sum\limits_{k=0}^{\infty} a_{2k+1}x^{2k+1}$ で定める．

- $n = 2m$ のとき，$a_{2m+2} = a_{2m+4} = \cdots = 0$ であるから $y_{2m;1}$ は $2m$ 次の多項式である．$y_{2m;2}$ の方は多項式ではない．
- $n = 2m+1$ のとき，$a_{2m+3} = a_{2m+5} = \cdots = 0$ であるから $y_{2m+1;2}$ は $2m+1$ 次の多項式である．$y_{2m+1;1}$ の方は多項式ではない． □

ルジャンドル多項式，エルミート多項式と同様にチェビシェフ多項式 $T_n(x)$ を定義する．

定義 6.31 n を負でない整数とする．多項式 $T_n(x)$ を以下の要領で定め，n 次チェビシェフ多項式とよぶ[8]．

---

[8] チェビシェフ多項式はチェビシェフ (チェビショーフ, P. L. Chebyshev, 1821–1894) の論文「函数の近似式がとる極小値の問題について」(1859) に由来する．$T_n(x)$ という記法はベルンシュテイン (S. N. Bernshtein, 1880–1968) が用いた．文献によっては $T_n(x) = \cos(n\cos^{-1} x)/2^{n-1}$ という定義をしているので注意されたい (ベルンシュテインはこれを採用しているのでややこしい)．

- $n = 2m$ のとき：$a_0 = (-1)^m$ と選んで得られる $2m$ 次多項式 $y_{2m;1}(x)$ を $T_{2m}(x)$ と定める. $T_0(x) = 1$ である.
- $n = 2m + 1$ のとき：$a_1 = (-1)^{2m+1}(2m+1)$ と選んで得られる $2m+1$ 次多項式 $y_{2m+1;2}(x)$ を $T_{2m+1}(x)$ と定める. $T_1(x) = x$ である.

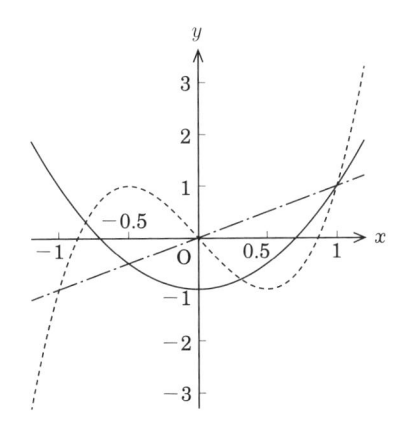

図 6.4　第 1 種チェビシェフ多項式のグラフ，$-\cdot- y = T_1(x)$，
$\rule{1em}{0.4pt}$ $y = T_2(x)$, ---- $y = T_3(x)$.

チェビシェフ多項式を扱う際には次の表示式が便利である.

$$T_n(x) = \cos(n \cos^{-1} x).$$

この表示式を使うと

$$T_0(x) = 1, \quad T_1(x) = x, \quad T_2(x) = 2x^2 - 1, \quad T_3(x) = 4x^3 - 3x, \quad \cdots$$

と計算できる.

問題 6.32　チェビシェフ多項式 $T_n(x) = \cos(n \cos^{-1} x)$ について直交関係

$$\int_{-1}^{1} \frac{T_m(x) T_n(x)}{\sqrt{1 - x^2}} \, dx = \begin{cases} \pi, & (m = n = 0) \\ \dfrac{\pi}{2}, & (m = n \neq 0) \\ 0, & (m \neq n) \end{cases} \tag{6.19}$$

を証明せよ.
[九州大学大学院]

> **問題 6.33**
>
> (1) 自然数 n に対して，ある多項式 $p_n(x), q_n(x)$ が存在して
> $$\sin n\theta = p_n(\tan\theta)\cos^n\theta, \quad \cos n\theta = q_n(\tan\theta)\cos^n\theta$$
> と書けることを示せ．
> (2) このとき，$n>1$ ならば次の等式が成立することを証明せよ．
> $$p'_n(x) = nq_{n-1}(x), \quad q'_n(x) = -np_{n-1}(x).$$
>
> [東京大]

チェビシェフ多項式に対するロドリーグ公式は次で与えられる．

$$T_k(x) = \frac{(-1)^k}{(2k-1)!!}\sqrt{1-x^2}\frac{\mathrm{d}^k}{\mathrm{d}x^k}(1-x^2)^{k-1/2}.$$

また

$$\cos\{(k+1)\theta\} + \cos\{(k-1)\theta\} = 2\cos\theta\cos(k\theta)$$

を書き換えれば漸化式

$$T_{k+1}(x) - 2xT_k(x) + T_{k-1}(x) = 0 \tag{6.20}$$

が得られる．**クリストッフェル–ダルブーの公式**

$$1 + 2\sum_{k=1}^{n} T_k(x)T_k(y) = \frac{T_{n+1}(x)T_n(y) - T_{n+1}(y)T_n(x)}{x-y}$$

も知られている．

6.5.1 最小値問題

チェビシェフ多項式 $T_n(x)$ を区間 $[-1,1]$ 上の連続函数として扱うことにすると最大値は 1 であることは明らか ($T_n(x) = \cos(n\cos^{-1}x)$ だから)．$T_n(x)$ は

$$T_n(x) = \frac{1}{2^n}\sum_{k=0}^{n} {}_{2n}\mathrm{C}_{2k}(x-1)^k(x+1)^{n-k}$$

と表示できる．とくに x^n の係数は $1/2^{n-1}$ である．したがって $[-1,1]$ 上で函数 $|T_n(x)/2^{n-1}|$ の最大値は $1/2^{n-1}$ である．ここで一つ用語を準備しよう．

定義 6.34 $f(x) = x^n + a_1 x^{n-1} + a_2 x^{n-2} + \cdots + a_{n-1} x + a_n$ という形の多項式，つまり最高次の係数が 1 である多項式を**単形多項式** (monic polynomial) とよぶ．

次の定理が知られている[9]．

定理 6.35 チェビシェフの定理 単形多項式 $f(x) = x^n + a_1 x^{n-1} + a_2 x^{n-2} + \cdots + a_{n-1} x + a_n$ に対し，区間 $[-1, 1]$ 上の $|f|$ の最大値は次の不等式を満たす．

$$\max_{-1 \leq x \leq 1} |f(x)| \geq \frac{1}{2^{n-1}}.$$

等号が成立するのは $f(x) = T_n(x)/2^{n-1}$ のときに限る．

この定理を念頭において，次の問題を解いてみよう．

問題 6.36 $f(x) = x^3 - \dfrac{3}{4} x$ とする．
(1) $f(x)$ の区間 $[-1, 1]$ における最大値，最小値およびそれらを与える x の値を求めよ．
(2) x^3 の係数が 1 である 3 次函数 $g(x)$ が区間 $[-1, 1]$ で $|g(x)| \leq \dfrac{1}{4}$ を満たすとき，$g(x) - f(x)$ は恒等的に 0 であることを示せ．

[筑波大]

6.5.2 第 2 種チェビシェフ多項式

チェビシェフ多項式は連立漸化式で定義することもできる．

問題 6.37 多項式 $f_1(x), f_2(x), \cdots$ および $g_1(x), g_2(x), \cdots$ を次の手順 (a), (b) により定める．
(a) $f_1(x) = x$, $g_1(x) = 1$
(b) $f_n(x), g_n(x)$ が定まったとき，

$$\begin{cases} f_{n+1}(x) = x f_n(x) + (x^2 - 1) g_n(x) \\ g_{n+1}(x) = f_n(x) + x g_n(x) \end{cases}$$

によって $f_{n+1}(x), g_{n+1}(x)$ を定める．

---

[9] 時弘哲治『工学における特殊関数』，共立出版 (2006), p.55 参照．

(1) $f_2(x), g_2(x)$ および $f_3(x), g_3(x)$ を求めよ.
(2) 自然数 n に対して，等式 $\{f_n(x)\}^2 - (x^2-1)\{g_n(x)\}^2 = 1$ が成立することを証明せよ．
(3) 自然数 n に対して，次の等式を証明せよ．

$$\begin{cases} f_n(\cos\theta) = \cos n\theta \\ g_n(\cos\theta)\sin\theta = \sin n\theta. \end{cases}$$

[埼玉大]

問題 6.37 で考察した多項式 $f_n(x)$ はチェビシェフ多項式 $T_n(x)$ そのものである．ここではもう一つの多項式 $g_n(x)$ を説明する．

$$U_n(x) = \frac{(-1)^n(n+1)}{(2n+1)!!}\frac{1}{\sqrt{1-x^2}}\frac{\mathrm{d}^n}{\mathrm{d}x^n}\left\{(1-x^2)^{n+1/2}\right\}$$

と定めると $U_n(\cos\theta)\sin\theta = \sin\{(n+1)\theta\}$ を満たすことが確かめられるので，$U_n(x)$ は $g_{n+1}(x)$ と一致する (番号に注意！). $U_n(x)$ は n 次多項式で，x^n の係数は 2^n. $U_n(x)$ の満たす微分方程式，漸化式はそれぞれ

$$(1-x^2)\frac{\mathrm{d}^2 U_n}{\mathrm{d}x^2} - 3x\frac{\mathrm{d}U_n}{\mathrm{d}x} + (n^2+2n)U_n = 0,$$
$$U_{n+1}(x) - 2xU_n(x) + U_{n-1}(x) = 0$$

である．$U_n(x)$ を n 次の第 2 種チェビシェフ多項式とよぶ．

6.6 直交多項式とは

この章で扱ってきた種々の多項式を線型代数の知識を使って整理しておく．

閉区間 $[a,b]$ 上で定義された連続函数をすべて集めてできる集合 $C^0[a,b]$ を考える．$C^0[a,b]$ は実線型空間である．$[a,b]$ 上の正値連続函数 $Q(x)$ を一つ選んでおく．Q を用いて $C^0[a,b]$ の内積 $\langle\cdot|\cdot\rangle$ を

$$\langle f|g\rangle = \int_a^b f(x)g(x)Q(x)\,\mathrm{d}x$$

と定義する．$Q(x)$ を重荷函数 (ウェイト) とよぶ．この内積に関して $\langle f|f\rangle = 0$ と

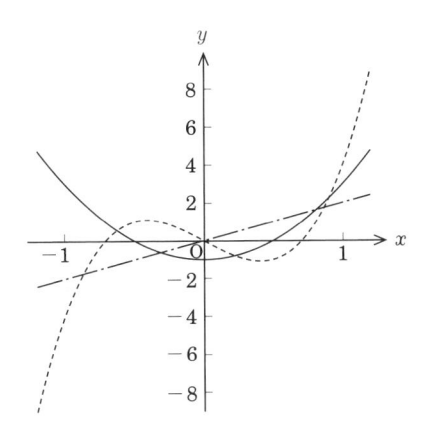

図 6.5　第 2 種チェビシェフ多項式のグラフ. $-\cdot- y = U_1(x)$,
——— $y = U_2(x)$, ---- $y = U_3(x)$.

なるとき, f と g は互いに**直交**すると言い表す. また $\|f\| = \sqrt{\langle f|f \rangle}$ とおき, f の**長さ**とよぶ.

確認　$\langle \cdot | \cdot \rangle$ が内積を定めるかどうか確認しよう. $f, g, h \in C[a,b], c \in \mathbb{R}$ に対し

$$\langle f+g|h \rangle = \langle f|h \rangle + \langle g|h \rangle, \quad \langle f|g \rangle = \langle g|f \rangle, \quad \langle cf|g \rangle = c\langle f|g \rangle$$

は明らか. $f(x)^2 \geqq 0, Q(x) > 0$ より $\langle f|f \rangle = \int_a^b f(x)^2 Q(x)\,dx \geqq 0$. $\|f\| = 0$ ならば, f は恒等的に 0 である.

$C^0[a,b]$ の線型部分空間として, 次数が n 以下の多項式の全体 $\mathbb{R}_n[x]$ を考えよう. $\mathbb{R}_n[x]$ の要素は

$$P(x) = a_0 + a_1 x + a_2 x^2 + \cdots + a_n x^n$$

と表示できる.

函数 $e_0(x), e_1(x), \cdots, e_n(x)$ を $e_k(x) = x^k$ で定めよう. すると $\mathbb{R}_n[x]$ は,

$$\mathcal{E} = \{e_0, e_1, \cdots, e_n\}$$

を基底にもつ $(n+1)$ 次元の実線型空間であることがわかる. 多項式をすべて集めて得られる集合 $\mathbb{R}[x]$ も $C^0[a,b]$ の線型部分空間で

$$\mathbb{R}[x] = \bigcup_{n=0}^{\infty} \mathbb{R}_n[x] = \mathbb{R}_0[x] \cup \mathbb{R}_1[x] \cup \cdots \mathbb{R}_n[x] \cup \cdots$$

と表せる．

定義 6.38 多項式の集合 $\{f_n \mid n = 0, 1, 2, \cdots\}$ (ただし f_n は n 次式とする) が閉区間 $[a,b]$ 上の重荷函数 $Q(x)$ を用いて定義された内積 $\langle \cdot | \cdot \rangle$ に関し**直交関係**とよばれる条件

$$\langle f_m | f_n \rangle = 0, \quad m \neq n$$

を満たすとき f_n は $Q(x)$ に関する**直交多項式**であるという．$\{f_n\}$ を直交多項式系とよぶ．

線型代数で習う「グラム–シュミットの直交化」を用いて，$\mathbb{R}_n[x]$ の基底 $\mathcal{E}$ から

$$\langle u_i | u_j \rangle = 0 \ (i \neq j), \quad \|u_k\| = 1$$

となる基底 (**正規直交基底**) を求められる．

まだグラム–シュミットの直交化を学んでいない読者のために方法だけ簡単に説明しておこう．

定義 6.39 $\mathbb{V}$ を内積 $\langle \cdot, \cdot \rangle$ を備えた n 次元の実線型空間とする．$\mathbb{V}$ の基底 $\mathcal{U} = \{u_1, u_2, \cdots, u_n\}$ が

$$i \neq j \Rightarrow \langle u_i, u_j \rangle = 0, \quad \langle u_i, u_i \rangle = \|u_i\|^2 = 1$$

を満たすとき**正規直交基底**とよぶ．

定理 6.40 内積 $\langle \cdot, \cdot \rangle$ を備えた n 次元実線型空間 $\mathbb{V}$ において，基底 $\mathcal{A} = \{a_1, a_2, \cdots, a_n\}$ から次の操作で正規直交基底 $\mathcal{U} = \{u_1, u_2, \cdots, u_n\}$ を得ることができる．この操作を**グラム–シュミットの直交化**という[10]．

(1) $u_1 = a_1 / \|a_1\|$ とおく．
(2) $\tilde{u}_2 = a_2 - \langle a_2, u_1 \rangle u_1$ を求める．
(3) $u_2 = \tilde{u}_2 / \|\tilde{u}_2\|$ とおく．

---

[10] 物理学 (とくに量子力学) では規格化とよぶ．

以下この操作を繰り返す. すなわち, 各 k に対し
$$\tilde{u}_{k+1} = a_{k+1} - \sum_{i=1}^{k} \langle a_{k+1}, e_i \rangle u_i$$
を求め $u_{k+1} = \tilde{u}_{k+1}/\|\tilde{u}_{k+1}\|$ とおく.

例 6.41 ルジャンドル多項式 区間として $[a,b] = [-1,1]$, 重みを $Q(x) = 1$ と選ぶ. 基底 $\mathcal{E}$ を正規直交化してみよう.

$$\|e_0\|^2 = \int_{-1}^{1} 1^2 \, dx = 2 \quad \text{より} \quad \|e_0\| = \sqrt{2}.$$

そこで $u_0(x) = 1/\sqrt{2}$ とおく.

$$\tilde{u}_1(x) = e_1 - \langle e_1|e_0 \rangle e_0 = x - \frac{1}{2}\int_{-1}^{1} x \, d = x, \quad \|\tilde{u}_1\|^2 = \int_{-1}^{1} x^2 \, dx = \frac{2}{3}$$

より $u_1(x) = \sqrt{3}x/\sqrt{2}$ とおく.

$$\tilde{u}_2 = e_2 - \sum_{i=0}^{1} \langle e_2|e_i \rangle e_i = x^2 - \frac{1}{2}\int_{-1}^{1} x^2 \, dx - \frac{3}{2}\int_{-1}^{1} x^3 \, dx = x^2 - \frac{1}{3}$$

より

$$\|\tilde{u}_2\|^2 = \int_{-1}^{1} x^4 - \frac{2}{3}x^2 + \frac{1}{9} \, dx = \frac{8}{45}.$$

そこで $u_2(x) = \dfrac{3\sqrt{5}}{2\sqrt{2}}\left(x^2 - \dfrac{1}{3}\right)$ とおく. 以下, この操作を続けて, 正規直交基底 $\{u_0, u_1, \cdots, u_n\}$ が得られる. 各 $u_k(x)$ は k 次多項式である. この多項式とルジャンドル多項式とは

$$P_k(x) = \sqrt{\frac{2}{2k+1}} u_k(x)$$

という関係にあることが確かめられる.

例 6.42 チェビシェフ多項式 $[a,b] = [-1,1]$, $Q(x) = 1/\sqrt{1-x^2}$ と選ぶとチェビシェフ多項式はこの重荷函数に関して直交関係 (6.19) を満たす.

例 6.43 第 2 種チェビシェフ多項式 区間 $[-1,1]$ において重荷函数 $Q(x) =$

$\sqrt{1-x^2}$ を考える. 第 2 種チェビシェフ多項式はこの重荷函数に関して互いに直交する.

エルミート多項式の場合は区間を $(-\infty, +\infty)$ とし重荷函数 $Q(x) = e^{-x^2}$ をとり広義積分

$$\langle f|g\rangle = \int_{-\infty}^{+\infty} f(x)g(x)e^{-x^2}\,\mathrm{d}x$$

で内積 $\langle\cdot|\cdot\rangle$ を定める. この内積に関し直交関係

$$\langle H_m|H_n\rangle = \int_{-\infty}^{+\infty} H_m(x)H_n(x)e^{-x^2}\,\mathrm{d}x = 0, \quad m \neq n$$

を満たす. また $m = n$ のとき

$$\|H_n\|^2 = \int_{-\infty}^{+\infty} H_n(x)^2 e^{-x^2}\,\mathrm{d}x = 2^n n! \sqrt{\pi}$$

を満たす.

以上の例を統一的に扱うためにはロドリーグ型の公式が役に立つ.

- 数列 $\{C_n\}$, ただし $C_n > 0$, $n = 0, 1, 2, \cdots$.
- 区間 $[a,b]$ 上の正値連続函数 $Q(x)$(重荷函数), ただし $a = -\infty$, $b = +\infty$ も許す.
- x の多項式 $X(x)$, ただし次数は 2 以下.

これらの材料を使って

$$p_n(x) = \frac{C_n}{Q(x)}\frac{\mathrm{d}^n}{\mathrm{d}x^n}(Q(x)X(x)^n)$$

とおく. $\{C_n\}$, $Q(x)$, $X(x)$ をうまく選ぶと $\{p_n(x)\}$ は直交多項式系をなす. ルジャンドル多項式, エルミート多項式, チェビシェフ多項式についてはロドリーグ型公式を与えてあったことを思い出そう.

(1) $[a,b]$ は有界閉区間で, $Q(x) = (x-a)^\alpha (b-x)^\beta$, $X(x) = (x-a)(b-x)$, ただし $\alpha > -1$, $\beta > -1$.

(2) $a \in \mathbb{R}$ とし区間 $[a, +\infty)$ をとる. $Q(x) = (x-a)^\nu e^{-x}$, $X(x) = x - a$, ただし $\nu > -1$.

(3) 区間は $(-\infty, +\infty)$, $Q(x) = e^{-x^2}$, $X(x) = 1$.

このように選ぶと
$$f_n(x) = \frac{1}{Q(x)} \frac{d^n}{dx^n}(Q(x)X(x)^n)$$
は直交多項式系を定めることが知られている．

新しい例 (半閉区間での例) を一つだけ挙げて次の話題に移ろう．

例 6.44　ラゲル多項式　$[0, +\infty)$ 上の重荷函数 e^{-x} をとる．
$$L_n(x) = e^x \frac{d^n}{dx^n}(e^{-x} x^n)$$
を n 次ラゲル多項式とよぶ[11]．ラゲル多項式はラゲルの微分方程式
$$xy'' + (1-x)y' + ny = 0$$
の解である．

6.7　確定特異点

物理学や工学のさまざまな場面に登場するベッセルの微分方程式
$$x^2 y'' + xy' + (x^2 - \alpha^2)y = 0, \quad \alpha \in \mathbb{R} \tag{6.21}$$
の $x=0$ のまわりの級数解を求めてみたい．ベッセルの微分方程式の両辺を x^2 で割ると
$$y'' + \frac{1}{x}y' + \frac{x^2 - \alpha^2}{x^2}y = 0$$
となるから係数の函数は $x=0$ で解析的でない，つまり正則点ではない．実際 $1/x$ を $x=0$ のまわりでテイラー級数展開はできない．

問題 6.45　$f(x) = 1/x$ が $\sum_{n=0}^{} a_n x^n$ とテイラー級数展開できると仮定して矛盾を導け．

したがってベッセルの微分方程式については今までのやり方では級数解を求められない．そこで少々の工夫をしよう．

---

[11] 文献によりラゲル多項式の定義は異なるので要注意．$\frac{1}{n!} e^x \frac{d^n}{dx^n}(e^{-x} x^n)$ を選ぶ本もある．

定義 6.46 $y'' + p(x)y' + q(x)y = 0$ において $p(x), q(x)$ の少なくとも一方が $x = a$ で解析的でないとき $x = a$ をこの微分方程式の**特異点**という．特異点 $x = a$ において $(x-a)p(x)$ と $(x-a)^2 q(x)$ が $x = a$ で解析的であるとき，$x = a$ はこの微分方程式の**確定特異点**であるという．

確定特異点 $x = a$ においては

$$y = \sum_{n=0}^{\infty} c_n (x-a)^{n+r}, \quad c_0 \neq 0$$

の形の級数解を仮定してやるとよい．ベッセルの方程式の場合に実行してみよう．$a = 0$ としてベッセルの微分方程式に代入すると

$$\sum_{n=0}^{\infty} (n+r+\alpha)(n+r-\alpha) c_n x^{n+r} + \sum_{n=0}^{\infty} c_n x^{n+r+2} = 0$$

より

$$(r^2 - \alpha^2) c_0 x^n + \{(r+1)^2 - \alpha^2\} c_1 x^{n+1} + \sum_{n=2}^{\infty} \left[\{(n+r)^2 - \alpha^2\} c_n + c_{n-2} \right] x^{n+r}$$

$$= 0.$$

$c_0 \neq 0$ であるから $r^2 - \alpha^2 = 0$ が得られる．これを**決定方程式**という．したがって $r = \pm \alpha$．次に $\{(r+1)^2 - \alpha^2\} c_1 = 0$ より $c_1 = 0$ が得られる．最後に漸化式

$$\{(n+r)^2 - \alpha^2\} c_n + c_{n-2} = 0$$

が得られるが，これと $c_1 = 0$ を併せると $c_1 = c_3 = c_5 = \cdots = 0$ が導かれる．漸化式を解くと

$$c_{2n} = \frac{(-1)^n}{2^{2n} n! (\alpha+1) \cdots (\alpha+n)} c_0$$

である．ここでガンマ関数を用いて

$$c_0 = \frac{1}{2^\alpha \Gamma(\alpha+1)}$$

と選ぶ．ガンマ関数について未習の読者は付録 A.2 を参照されたい．

$$J_\alpha(x) = \sum_{n=0}^{\infty} \frac{(-1)^n}{n! \Gamma(\alpha+n+1)} \left(\frac{x}{2}\right)^{2n+\alpha}$$

を**ベッセル関数**という．この級数解の収束半径は $+\infty$ である．

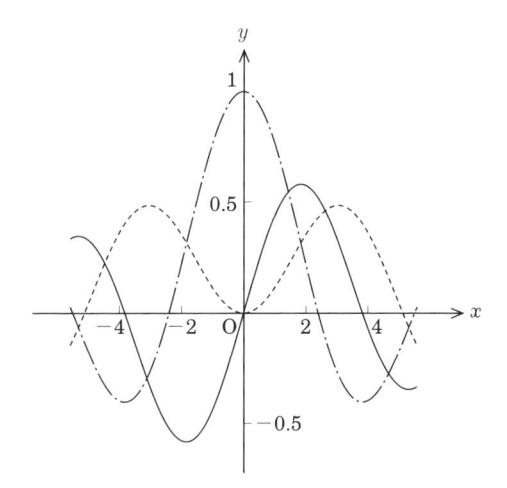

図 6.6 ベッセル函数のグラフ，$-\cdot-$ $y = J_0(x)$，
───── $y = J_1(x)$，---- $y = J_2(x)$．

同様の議論を $r = -\alpha$ に対しても行って，もう一つのベッセル函数 $J_{-\alpha}(x)$ をつくる．$J_{-\alpha}(x)$ の収束半径も $+\infty$ である．α が整数でなければ，$J_\alpha(x)$ と $J_{-\alpha}(x)$ は線型独立であり $\{J_\alpha, J_{-\alpha}\}$ はベッセルの微分方程式の基本解を与える．ところが α が整数のときだけは事情が異なる．

n を負でない整数とすると

$$J_n(x) = \left(\frac{x}{2}\right)^n \sum_{k=0}^{\infty} \frac{(-1)^k}{k!(n+k+1)} \left(\frac{x}{2}\right)^{2k}$$

と書き直せる．そこで $J_{-n}(x)$ を調べてみよう．

$$J_{-n}(x) = \left(\frac{x}{2}\right)^{-n} \sum_{n=0}^{\infty} \frac{(-1)^k}{k!(k-n+1)} \left(\frac{x}{2}\right)^{2k}$$

において $k > n-1$ なら $\Gamma(k-n+1) = (k-n)!$ である．一方，$k \leqq n$ ならば (A.6) より $1/\Gamma(k-n+1) = 0$ なので

$$J_{-n}(x) = \left(\frac{x}{2}\right)^{-n} \sum_{n=0}^{\infty} \frac{(-1)^k}{k!(-n+k+1)} \left(\frac{x}{2}\right)^{2k}$$

$$= \sum_{k=n} \frac{(-1)^k}{k!(k-n)!} \left(\frac{x}{2}\right)^{2k-n}$$

$$= \sum_{\ell=0}^{\infty} \frac{(-1)^{n+\ell}}{(n+\ell)!\ell!} \left(\frac{x}{2}\right)^{n+2\ell}$$
$$= (-1)^n J_n(x)$$

が得られる ($k = n + \ell$ とおいて書き換えた). したがって $J_n(x)$ と $J_{-n}(x)$ は線型独立ではないため，$J_n(x)$ を基本解の一つに選んだ際，これと線型独立な解を探さねばならない．

そこでベッセルの微分方程式 (6.21) に戻って考え直す．まず J_α が解なのだから
$$x^2 J_\alpha''(x) + x J_\alpha'(x) + (x^2 - \alpha^2) J_\alpha(x) = 0. \tag{6.22}$$
ここで $J_\alpha(x)$ を α の函数と思って α で微分してみよう (正確には α に関する偏微分操作であるが，未習の読者はこまかい点は気にせず気軽に微分してみよう)．$J_\alpha(x)$ を α で "微分" したものを $f_\alpha(x)$ とする．これを $J_\alpha(x)$ の α による**偏導函数**とよび偏導函数を求める操作を**偏微分**という．
$$f_\alpha(x) = \frac{\partial}{\partial \alpha} J_\alpha(x)$$
で表す．(6.22) を α で偏微分し $\alpha = n$ とすると
$$x^2 f_n''(x) + x f_n'(x) + (x^2 - n^2) f_n(x) - 2n J_n(x) = 0.$$
同様に $J_{-n}(x)$ も解であるから
$$x^2 g_n''(x) + x g_n'(x) + (x^2 - n^2) g_n(x) - 2n J_{-n}(x) = 0.$$
$J_{-n} = (-1)^n J_n$ であるから $f_n - (-1)^n g_n$ はベッセル方程式の解であることがわかる．そこで
$$N_n(x) = \frac{1}{\pi} \left(f_n(x) - (-1)^n g_n(x) \right)$$
とおき**ノイマン函数**とよぶ．
$$N_n(x) = \lim_{\alpha \to n} \frac{\cos(\alpha\pi) J_\alpha(x) - J_{-\alpha}(x)}{\sin(\alpha x)}.$$

この章に登場した直交多項式やベッセル函数・ノイマン函数などは**特殊函数**とよばれるものの例である．物理学や工学で用いられる特殊函数について詳しく学びたい読者には

- 時弘哲治『工学における特殊関数』，共立出版 (2006)

- 戸田盛和『特殊関数』，朝倉書店 (1981)
- 犬井鉄郎『特殊函数』，岩波全書 (1962)

を紹介しておこう．

発展 定数 a, b, c (ただし c は整数ではないとする) に対し，
$$x(1-x)y'' + \{c - (1+a+b)x\}y' - aby = 0$$
をガウスの**超幾何微分方程式**とよぶ[12]．$x = 0$ は確定特異点である．$x = 0$ のまわりでの級数解 (**超幾何級数**) として
$$F(a,b,c;x) = \sum_{n=0}^{\infty} \frac{(a)_n (b)_n}{n!(c)_n} x^n$$
が得られる (収束半径は 1)．この級数の係数は
$$(a)_n = a(a+1)\cdots(a+k-1), \quad n = 1, 2, \cdots$$
で与えられる (**ポッホハンマー記号**とよばれる)．ただし $(a)_0 = 1$ とする．超幾何微分方程式の基本解として $y_1(s) = F(a,b,c;x)$, $y_2(s) = x^{1-c}F(a-c+1, b-c+1, -c+2; x)$ が用いられる．超幾何函数 $y = F(a,b,c;x)$ は多くの特殊函数を特別な場合として含む．

6.8 補足：偏微分

数直線 $\mathbb{R}$ 内の開区間に相当する数平面 $\mathbb{R}^2$ 内の部分集合を定めておく．まず開区間 $(a-r, a+r)$ の 2 次元版として開円板を定める．

定義 6.47 点 (a,b) に対し
$$D_r(a,b) = \{(x,y) \mid (x-a)^2 + (y-b)^2 < r^2\} \in \mathbb{R}^2$$
を (a,b) を中心とする半径 r の**開円板**とよぶ．

一般の開区間に相当するものとして開集合を定める．

---

[12] 原岡喜重『超幾何関数』，朝倉書店 (2002)，木村弘信『超幾何関数入門』，サイエンス社 (2007)，吉田正章『私説 超幾何関数』，共立出版 (1997) などを参照．

図 6.7　開円板 $D_r(a,b)$

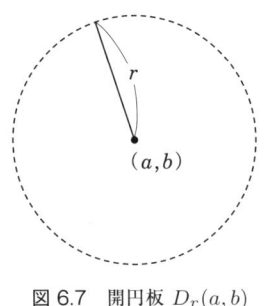

定義 6.48　$\mathcal{U} \subset \mathbb{R}^2$ が次の条件を満たすとき，$\mathbb{R}^2$ における**開集合**とよぶ．

$\mathcal{U}$ のどの点 (a,b) に対しても必ず $D_r(a,b) \subset \mathcal{U}$ となる $r > 0$ を見つけることができる．

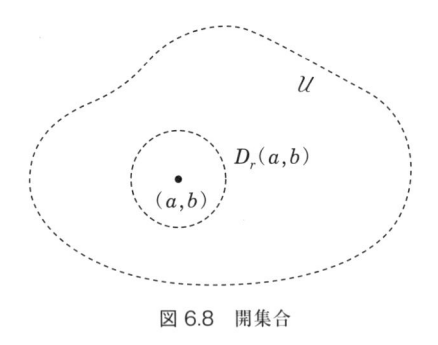

図 6.8　開集合

ばらばらでなくつながっている開集合を次のように厳密に定義する．

定義 6.49　$\mathcal{U} \subset \mathbb{R}^2$ において，どの 2 点 $(a,b), (c,d) \in \mathcal{U}$ もかならず $\mathcal{U}$ 内に収まる折れ線で結べるとき，$\mathcal{U}$ は**連結**であるという．連結な開集合を**領域**とよぶ．

領域 $\mathcal{D}$ で定義された 2 変数の函数 $f(x,y)$ を微分しよう．点 (a,b) において極限値

$$\lim_{h \to 0} \frac{f(a+h,b) - f(a,b)}{h}$$

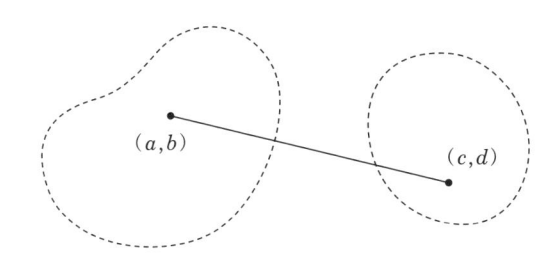

図 6.9 連結でない開集合 ((a,b) と (c,d) を結ぶ線分がはみ出す)

が存在するとき f は点 (a,b) において x に関して**偏微分可能**であるという．この極限値を f の (a,b) における x に関する**偏微分係数**とよび

$$f_x(a,b) = \frac{\partial f}{\partial x}(a,b)$$

と表す．1 変数函数の導函数のときと同じ要領で $\mathcal{D}$ 上での偏微分可能性や偏導函数 f_x を定める．f_y も同様．

定義 6.50 領域 $\mathcal{D}$ 上の函数 $f : \mathcal{D} \to \mathbb{R}$ が x と y の両方の変数に関し $p \in \mathcal{D}$ において偏微分可能であるとする．もし偏導函数 f_x, f_y が (a,b) で連続であるとき，f は (a,b) において連続微分可能であるという．$\mathcal{D}$ のすべての点において f が連続微分可能であるとき，f は $\mathcal{D}$ 上で連続微分可能であるとか C^1 級であるという．

連続微分可能な函数については次の事実が成立する (8.1 節でオイラー–ラグランジュ方程式を導く際に用いる)．

命題 6.51 合成函数の微分法 $x(t), y(t)$ を開区間 $I \subset \mathbb{R}$ で定義された微分可能函数で $(x(t), y(t))$ が領域 $\mathcal{D}$ に含まれるとする．このとき連続微分可能な函数 $f : \mathcal{D} \to \mathbb{R}$ に対し合成函数 $f(x(t), y(t))$ は I 上で微分可能でありその導函数は

$$\frac{df}{dt}(x(t),y(t)) = \frac{\partial f}{\partial x}(x(t),y(t))\frac{dx}{dt}(t) + \frac{\partial f}{\partial y}(x(t),y(t))\frac{dy}{dt}(t) \tag{6.23}$$

で与えられる．

定義 6.52 関数 $f\colon \mathcal{D} \to \mathbb{R}$ が x, y の双方に関して偏微分可能であるとする．偏導関数 f_x が y について偏微分可能であるとき，その偏導関数を

$$\frac{\partial^2 f}{\partial y \partial x} = f_{xy}$$

と表す．同様に f_{yx}, f_{xx}, f_{yy} も定める．これらを f の 2 階偏導関数とよぶ．

とくに $f_{xx}, f_{xy}, f_{yx}, f_{yy}$ がすべて存在するとき f は $\mathcal{D}$ 上で 2 階偏微分可能であるという．さらに，2 階偏導関数のすべてが $\mathcal{D}$ 上で連続であるとき，f は $\mathcal{D}$ 上で 2 階連続微分可能である (または f は C^2 級である) という．f が C^2 級であれば $f_{xy} = f_{yx}$ であることが証明できる．

$\mathcal{D}$ 上で 2 階偏微分可能な関数 f に対し 3 階偏微分可能性や 3 階偏導関数，C^3 級関数を考えることができる．より高階の偏微分可能性や C^k 級関数 ($k \geqq 4$) の定義も同様に行う．

定義 6.53 すべての自然数 k に対し $f\colon \mathcal{D} \to \mathbb{R}$ が C^k 級であるとき，f は $\mathcal{D}$ 上で滑らかであるという．f は C^∞ 級であるともいう．

1 変数関数のときと同様に，f が $\mathcal{D}$ 上で連続であるとき，f は C^0 級であると定める．

COLUMN | 戸田格子

エルミート多項式 $H_n(x)$ は漸化式 (6.17) を，チェビシェフ多項式は漸化式 (6.20) を満たしている．逆に漸化式から直交多項式を構成することが考えられる．a_k $(k=1,2,\cdots)$ を正の実数，b_k $(k=1,2,\cdots)$ を実数として漸化式

$$a_k y_{k-1} + b_{k+1} y_k + a_{k+1} y_{k+1} = x y_k, \quad k = 1, 2, \cdots \tag{6.24}$$

を初期条件 $(b_1 - x)y_0 + a_1 y_1 = 0$ のもとで考える．$y_0 = 1$ と選ぶと，各 y_k は x の k 次多項式である．そこで y_k を $p_k(x)$ と (多項式らしく) 書き換えておこう．$\{p_k(x)\}$ が直交多項式となるような $\mathbb{R}[x]$ 上の内積 $\langle \cdot | \cdot \rangle_p$ を定めることができる．つまり

$$\langle p_k | p_l \rangle_p = 0 \quad (k \neq l), \quad \langle p_k | p_k \rangle_p = 1$$

を満たす内積 $\langle \cdot | \cdot \rangle_p$ である．この内積について $s_k = \langle 1 | x^k \rangle_p$ で数列 $\{s_k\}$ を定め，この直交多項式のモーメント列とよぶ．モーメント列を使って

$$S_n = \begin{pmatrix} s_0 & s_1 & \cdots & s_n \\ s_1 & s_2 & \cdots & s_{n+1} \\ \vdots & \vdots & \ddots & \vdots \\ s_n & s_{n+1} & \cdots & s_{2n} \end{pmatrix}$$

と定め，$\{s_n\}$ の定める $(n+1)$ 次のハンケル行列とよぶ．S_n の行列式 $D_{n+1} = \det S_n$ $(n = 0, 1, 2, \cdots)$ を $(n+1)$ 次のハンケル行列式とよぶ．ただし $D_0 = 1$, $D_{-1} = 0$ と決めておく．$n > 0$ に対し $p_n(x)$ は

$$p_n(x) = \frac{1}{\sqrt{D_n D_{n+1}}} \det \begin{pmatrix} s_0 & s_1 & \cdots & s_n \\ s_1 & s_2 & \cdots & s_{n+1} \\ \vdots & \vdots & \ddots & \vdots \\ s_{n-1} & s_n & \cdots & s_{2n-1} \\ 1 & x & \cdots & x^n \end{pmatrix}$$

と表示できる．漸化式 (6.24) を行列 L を使って書き換える．

$$L = \begin{pmatrix} b_1 & a_1 & 0 & \cdots \\ a_1 & b_2 & a_2 & \cdots \\ 0 & a_2 & b_3 & \cdots \\ \vdots & \vdots & \vdots & \ddots \end{pmatrix}$$

行列といっても右と下には無限にのびている．このような行列を半無限 3 重対角行列とよぶ．下に無限にのびているベクトル

$$\vec{\psi} = \begin{pmatrix} y_0 \\ y_1 \\ \vdots \end{pmatrix}$$

を使うと (6.24) は固有値問題 $L\vec{\psi} = x\vec{\psi}$ と書き換えられることに注意しよう．さて，a_k, b_k が変数 t に依存する関数であるとする．さらに

$$A = \begin{pmatrix} 0 & a_1 & 0 & \cdots \\ -a_1 & 0 & a_2 & \cdots \\ 0 & -a_2 & 0 & \cdots \\ \vdots & \vdots & \vdots & \ddots \end{pmatrix}$$

とおく. $\vec{\psi}$ が時刻 t について

$$\frac{\mathrm{d}}{\mathrm{d}t}\vec{\psi} = A\vec{\psi} \tag{6.25}$$

と変化するとき，固有値問題 $L\vec{\psi} = x\vec{\psi}$ と時間発展の方程式 (6.25) が両立する状況を考察する．固有値 x は時刻 t には依存しないと仮定しよう．

$$\frac{\mathrm{d}}{\mathrm{d}t}(L\vec{\psi}) = \frac{\mathrm{d}L}{\mathrm{d}t}\vec{\psi} + L\frac{\mathrm{d}\psi}{\mathrm{d}t} = \frac{\mathrm{d}L}{\mathrm{d}t}\vec{\psi} + LA\vec{\psi}.$$

一方

$$\frac{\mathrm{d}}{\mathrm{d}t}(A\vec{\psi}) = \frac{\mathrm{d}}{\mathrm{d}t}(x\vec{\psi}) = x\frac{\mathrm{d}\vec{\psi}}{\mathrm{d}t} = xA\vec{\psi} = A(x\vec{\psi}) = AL\vec{\psi}$$

なので KdV 方程式のときと同様に

$$\frac{\mathrm{d}L}{\mathrm{d}t} + [L, A] = 0$$

が得られる (ただし $[L, A] = LA - AL$). この方程式の成分を具体的に書き下すと

$$\frac{\mathrm{d}a_k}{\mathrm{d}t} = a_k(b_{k+1} - b_k), \quad \frac{\mathrm{d}b_k}{\mathrm{d}t} = 2(a_k^2 - a_{k-1}^2)$$

という無限個の微分方程式が得られる ($k = 1, 2, \cdots$, ただし $a_0 = 0$). この連立微分方程式は数理物理学や数理工学で大切な方程式で半無限戸田格子とよばれる．$L\vec{\psi} = x\vec{\psi}$ は直交多項式 $\{p_k\}$ を定める漸化式であったから，直交多項式を用いて半無限戸田格子の解を与えることができる．実際

$$a_k^2 = \frac{D_{k-1}D_{k+1}}{D_k^2}, \quad b_k = \frac{\tilde{D}_k}{D_k} - \frac{\tilde{D}_{k-1}}{D_{k-1}}, \quad (k = 0, 1, 2\cdots)$$

とすればよい．ここで

$$\tilde{D}_k = \begin{vmatrix} s_0 & \cdots & s_{k-2} & s_k \\ s_1 & \cdots & s_{k-1} & s_{k+1} \\ \vdots & \ddots & \vdots & \vdots \\ s_{k-1} & \cdots & s_{2k-3} & s_{2k-1} \end{vmatrix}, \quad \tilde{D}_1 = s_1, \quad \tilde{D}_0 = 0$$

と定める．とくにモーメント列が $\dfrac{\mathrm{d}}{\mathrm{d}t}s_k(t) = 2s_{k+1}(t)$ を満たすとき，$\tau_n(t) = D_n$ とおくと

$$a_n(t)^2 = \frac{1}{4}\frac{\mathrm{d}^2}{\mathrm{d}t^2}\log\tau_n, \quad b_n(t) = \frac{1}{2}\frac{\mathrm{d}}{\mathrm{d}t}\log\frac{\tau_{n-1}}{\tau_n}$$

という表示が得られる．これを半無限戸田格子のハンケル行列式解とよぶ．また τ_n はタウ函数とよばれる．直交多項式は戸田格子だけでなく，応用数理・数理工学

にもさまざまな応用がある[13].

演習問題

問 6.1 エアリー (Airy) の微分方程式 $y'' = xy$ の初期条件 $y(0) = 1$, $y'(0) = 0$ を満たす解を無限級数で与えよ.

問 6.2 函数 $f(x) = x^3 + ax^2 + bx + c$ が $f(1) = f(-1) = 0$ を満たしている. ただし a, b, c は定数とする. $I = \int_{-1}^{1} f(x)^2 \, dx$ が最小となるように a, b, c を決定し, そのときの I の値を求めよ. [弘前大]

問 6.3 x の多項式 $f(x), g(x)$ に対し $\langle f|g \rangle = \int_{-1}^{1} f(x)g(x) \, dx$ と定義し, とくに $L(f) = \langle f|f \rangle$ とおく. 次の各問いに答えよ.
(1) すべての実数 t に対して, 不等式 $L(f + tg) \geqq 0$ がつねに成立することを用いて, 不等式 $\langle f|g \rangle^2 \leqq L(f)L(g)$ が成り立つことを示せ.
(2) $f(x) = x^2 - 2x + 1$, $g(x) = 3x - 2$ のとき, $L(f + tg)$ を最小にする実数 t の値を求めよ.

[神戸大]

---

[13] 詳しくは, 中村佳正編『可積分系の応用数理』, 裳華房 (2000) および中村佳正『可積分系の機能数理』, 共立出版 (2006) を参照.

第7章
連立1階常微分方程式

[目標] ベクトルと行列を用いて連立の1階常微分方程式の解を求める.

いままで単独の1階常微分方程式を扱ってきた. たとえば第1章や第2章では単独の生物の個体数を単純増殖の方程式やロジスティック方程式で表す例を紹介した. 複数の生物の場合は連立微分方程式を考えることになる. この章では連立の1階常微分方程式を扱う.

7.1 連立1階常微分方程式の例

種間の相互作用によって 2 種の生物の個体数がどのような変化を示すかを数学的に記述する微分方程式としてロトカ (A. J. Lotka, 1925) とヴォルテラ (V. I. Volterra, 1936) によって独立に提案された微分方程式 (ロトカ-ヴォルテラ方程式) はこんにちでも数理生態学において基本的である.

例7.1　ロトカ-ヴォルテラ方程式　互いに競争関係にある 2 種の生物からなる生物集団においてそれぞれの時刻 t における個体数を $N_1(t)$, $N_2(t)$ とする. 個体群の増殖率が互いに競争相手の個体数に比例して低下するという仮説を立てると

$$\begin{aligned}\frac{\mathrm{d}N_1}{\mathrm{d}t} &= (\varepsilon_1 - \lambda_1 N_1(t) - \mu_{12} N_2(t))N_1(t),\\ \frac{\mathrm{d}N_2}{\mathrm{d}t} &= (\varepsilon_2 - \mu_{21} N_1(t) - \lambda_2 N_2(t))N_2(t)\end{aligned} \qquad(7.1)$$

が導かれる．この連立常微分方程式を**ロトカ-ヴォルテラ方程式**とよぶ．$\varepsilon_1, \varepsilon_2 > 0$ は種の内的自然増殖率，$\lambda_1, \lambda_2 > 0$ はそれぞれの種の種内競争による増殖率低下を表す種内競争係数，$\mu_{ij} > 0$ は競争相手種 j による種 i の増殖率低下を表す種間競争係数とよばれる．

種 1 が被食者で餌として種 2 に補食される場合を考える．この場合のロトカ-ヴォルテラ方程式は

$$\frac{\mathrm{d}N_1}{\mathrm{d}t} = (\varepsilon_1 - k_1 N_2(t))N_1(t),$$
$$\frac{\mathrm{d}N_2}{\mathrm{d}t} = (-\varepsilon_2 + k_2 N_1(t))N_2(t) \tag{7.2}$$

となる．この方程式は寄主・寄生者相互作用の場合にも用いられる．(7.1) と比べると ε_2 に負号がつけられていることに気づくだろう．これは「種 1 が種 2 にとって不可欠の餌であり，種 1 がいないと種 2 の増殖率が負となり種 2 が死滅する」という状況を反映させたためである．

記号がやや煩雑なので $N_1 = x_1, N_2 = x_2, \varepsilon_1 = a, k_1 = b, \varepsilon_2 = c, d = k_2$ とおき (7.2) を

$$\dot{x}_1(t) = ax_1(t) - bx_1(t)x_2(t), \quad \dot{x}_2(t) = -cx_2(t) + dx_1(t)x_2(t)$$

と書き直す $(a, b, c, d > 0)$．解が定める $x_1 x_2$ 平面内の曲線を求めてみよう．

$$\frac{\mathrm{d}x_2}{\mathrm{d}x_1} = \frac{\mathrm{d}x_2}{\mathrm{d}t} \bigg/ \frac{\mathrm{d}x_1}{\mathrm{d}t} = \frac{(-c + dx_1)x_2}{(a - bx_2)x_1}$$

よりこれは変数分離形．

$$\int \frac{a - bx_2}{x_2} \, \mathrm{d}x_2 = \int \frac{-c + dx_1}{x_1} \, \mathrm{d}x_1$$

より

$$a \log|x_2| - bx_2 = -c \log|x_1| + dx_1 + C.$$

ここから $(x_2^a x_1^c)/\exp(bx_2 + dx_1) = C$ と解は求められるが，この式をみても解のふるまいがすぐには読み取れない．解のふるまいを調べ，結果を生物学的に分析することはこの本の知識だけでは (残念ながら) 実行できないが，「解のふるまいを調べる手法」をこの章で学ぼう．

7.2 定数係数斉次の場合

この節では連立の 1 階微分方程式

$$y_1' = ay_1 + by_2, \quad y_2' = cy_1 + dy_2 \tag{7.3}$$

の解法を学ぶ.

例題 7.2 連立常微分方程式

$$y_1' = y_1 - y_2, \quad y_2' = 2y_1 + 4y_2$$

の一般解を求めよ.

解 y_1 の 2 階導函数を求めると

$$(y_1)'' = y_1' - y_2' = (y_1 - y_2) - (2y_1 + 4y_2) = -y_1 - 5y_2$$

であるから $y_1'' - 5y_1' + 6y_1 = 0$ を得る. この 2 階線型微分方程式の特性方程式 $\lambda^2 - 5\lambda + 6 = 0$ の解は $\lambda_1 = 2$ と $\lambda_2 = 3$ であるから $y_1 = c_1 e^{2x} + c_2 e^{3x}$.

すると $y_1' = 2c_1 e^{2x} + 3c_2 e^{3x} = y_1 - y_2$ であるから $y_2 = -c_1 e^{2x} - 2c_2 e^{3x}$ を得る. □

このように 2 階線型常微分方程式に書き直せば一般解は求められるが, 従属変数が三つ以上になるとあまり賢いやりかたとはいえないし, 解の意味もつかみにくい.

もっと発展性のある解法を考えておかねばなるまい. それにはベクトルと行列を用いるのが便利である. まず函数 $y_1(x)$ と $y_2(x)$ を並べてできるベクトルを $\boldsymbol{y}$ で表す. つぎに行列 A を $A = \begin{pmatrix} a & b \\ c & d \end{pmatrix}$ で定めると連立常微分方程式 (7.3) は

$$\frac{d\boldsymbol{y}}{dx} = A\,\boldsymbol{y} \tag{7.4}$$

と表せる. A をこの連立常微分方程式の**係数行列**とよぶ.

例題 7.2 の一般解はベクトルを用いると

$$\boldsymbol{y} = \begin{pmatrix} c_1 e^{2x} + c_2 e^{3x} \\ -c_1 e^{2x} - 2c_2 e^{3x} \end{pmatrix} = c_1 e^{2x} \begin{pmatrix} 1 \\ -1 \end{pmatrix} + c_2 e^{3x} \begin{pmatrix} 1 \\ -2 \end{pmatrix}$$

と書き直せる．この一般解に登場しているベクトルに A を左からかけると

$$A\begin{pmatrix}1\\-1\end{pmatrix}=2\begin{pmatrix}1\\-1\end{pmatrix},\quad A\begin{pmatrix}1\\-2\end{pmatrix}=3\begin{pmatrix}1\\-2\end{pmatrix}$$

が得られる．つまりこれらは固有ベクトルである．しかも特性方程式の解は A の固有値である．行列 A の固有値・固有ベクトルを求めれば一般解が求められると予想される．この方法であれば従属変数が三つ以上の場合にも一般化することが期待できる．

7.2.1 特性根が実で相異なる場合

このとき係数行列 A は対角化できる．固有値 λ_1, λ_2 に対応する固有ベクトル $\boldsymbol{p}_1, \boldsymbol{p}_2$ をとり $P = (\boldsymbol{p}_1\ \boldsymbol{p}_2)$ とおく．λ_1, λ_2 を (1,1), (2,2) 成分にもつ対角行列 $\mathrm{diag}(\lambda_1, \lambda_2)$ を Λ と表すと $P^{-1}AP = \Lambda$．ここで $\boldsymbol{z} = P^{-1}\boldsymbol{y} = (z_1, z_2)$ とおくと $\boldsymbol{y}' = P\boldsymbol{z}' = AP\boldsymbol{z}$ より $\boldsymbol{z}' = P^{-1}AP\boldsymbol{z} = \Lambda\boldsymbol{z}$．ということは $z_1' = \lambda_1 z_1,\ z_2' = \lambda_2 z_2$．よって $z_1 = c_1 e^{\lambda_1 x},\ z_2 = c_2 e^{\lambda_2 x}$．したがって $\boldsymbol{y} = c_1 e^{\lambda_1 x}\boldsymbol{p}_1 + c_2 e^{\lambda_2 x}\boldsymbol{p}_2$ が得られた．

定理 7.3 係数行列 A が相異なる固有値 λ_1, λ_2 をもつとする．このとき常微分方程式 $\boldsymbol{y}' = A\boldsymbol{y}$ の一般解は

$$\boldsymbol{y} = c_1 e^{\lambda_1 x}\boldsymbol{p}_1 + c_2 e^{\lambda_2 x}\boldsymbol{p}_2 \tag{7.5}$$

で与えられる．ここで $\boldsymbol{p}_1, \boldsymbol{p}_2$ は λ_1, λ_2 に対応する固有ベクトル．

7.2.2 特性根が実で重解の場合

固有値を $\lambda_1 = \lambda_2 = \lambda$ とする．この場合 $A = \lambda E$ であるかそうでないかの 2 通りである．$A \neq \lambda E$ のときを考えよう．まず A の固有ベクトル $\boldsymbol{p}_1$ を一本とる．次に $(A - \lambda E)\boldsymbol{p}_2 = \boldsymbol{p}_1$ を満たす $\boldsymbol{p}_2$ をとる．$\boldsymbol{p}_2$ は A の一般固有ベクトルとよばれる．そこで $P = (\boldsymbol{p}_1\ \boldsymbol{p}_2)$ とおけば

$$AP = P(\lambda E + N),\quad N = \begin{pmatrix}0 & 1\\ 0 & 0\end{pmatrix}$$

である．$\boldsymbol{z} = P^{-1}\boldsymbol{y}$ とおけば $\boldsymbol{y}' = P\boldsymbol{z}' = AP\boldsymbol{z}$ より

ということは $z_1' = \lambda z_1 + z_2, z_2' = \lambda z_2$. まず後者から $z_2 = c_2 e^{\lambda x}$. これを前者に代入して $z_1' - \lambda z_1 = c_2 e^{\lambda x}$. これは1階線型常微分方程式. これを解いて $z_1 = (c_1 + c_2 x)e^{\lambda x}$. したがって

$$y = (c_1 + c_2 x)e^{\lambda x}\boldsymbol{p}_1 + c_2 e^{\lambda x}\boldsymbol{p}_2.$$

定理 7.4 係数行列 A の固有方程式は重解 λ をもつとする. $A \neq \lambda E$ のとき常微分方程式 $\boldsymbol{y}' = A\boldsymbol{y}$ の一般解は

$$\boldsymbol{y} = (c_1 + c_2 x)e^{\lambda x}\boldsymbol{p}_1 + c_2 e^{\lambda x}\boldsymbol{p}_2 \tag{7.6}$$

で与えられる. ここで $\boldsymbol{p}_1$ は λ に対応する固有ベクトル, $\boldsymbol{p}_2$ は λ に対応する一般固有ベクトルで $(A - \lambda E)\boldsymbol{p}_2 = \boldsymbol{p}_1$ で定まる.

7.2.3 特性根が虚数解のとき

特性根を $\lambda = a + bi, \bar{\lambda} = a - bi$ とする. 複素数に数を拡げて λ に対応する固有ベクトル $\boldsymbol{w} = \boldsymbol{u} + i\boldsymbol{v}$ を求める ($\boldsymbol{u}$ と $\boldsymbol{v}$ は実のベクトル).

$$A\boldsymbol{w} = A(\boldsymbol{u} + i\boldsymbol{v}) = A\boldsymbol{u} + iA\boldsymbol{v}.$$

一方

$$\lambda\boldsymbol{w} = (a + bi)(\boldsymbol{u} + i\boldsymbol{v}) = (a\boldsymbol{u} - b\boldsymbol{v}) + i(b\boldsymbol{u} + a\boldsymbol{v})$$

であるから

$$A\boldsymbol{u} = a\boldsymbol{u} - b\boldsymbol{v}, \quad A\boldsymbol{v} = b\boldsymbol{u} + a\boldsymbol{v}.$$

ここで $Q = (\boldsymbol{u} \ \boldsymbol{v})$ とおくと $Q^{-1}AQ = \begin{pmatrix} a & b \\ -b & a \end{pmatrix}$ を得る. $\boldsymbol{z} = Q^{-1}\boldsymbol{y}$ とおくと (7.4) は $\boldsymbol{z}' = \begin{pmatrix} a & b \\ -b & a \end{pmatrix}\boldsymbol{z}$, すなわち $z_1' = az_1 + bz_2, z_2' = -bz_1 + az_2$. この2式から z_1 についての2階線型常微分方程式 $z_1'' - 2az_1' + (a^2 + b^2)z_1 = 0$. これを解くと $z_1 = e^{ax}(c_1 \cos(bx) + c_2 \sin(bx))$. この解を $bz_2 = z_1' - az_1$ に代入して $z_2 = e^{ax}(c_2 \cos(bx) - c_1 \sin(bx))$ を得る. 以上より

$$\boldsymbol{y} = e^{ax}Q\begin{pmatrix} c_1\cos(bx) + c_2\sin(bx) \\ c_2\cos(bx) - c_1\sin(bx) \end{pmatrix} = e^{ax}(\boldsymbol{u}\ \boldsymbol{v})\begin{pmatrix} c_1\cos(bx) + c_2\sin(bx) \\ c_2\cos(bx) - c_1\sin(bx) \end{pmatrix}$$
$$= e^{ax}(c_1\cos(bx) + c_2\sin(bx))\boldsymbol{u} + e^{ax}(c_2\cos(bx) - c_1\sin(bx))\boldsymbol{v}$$

を得る．

定理 7.5 係数行列 A の固有方程式は虚数解 $a \pm bi$ をもつとする．$a + bi$ に対応する複素固有ベクトルを $\boldsymbol{u} + i\boldsymbol{v}$ とすると常微分方程式 $\boldsymbol{y}' = A\boldsymbol{y}$ の一般解は

$$e^{ax}(c_1\cos(bx) + c_2\sin(bx))\boldsymbol{u} + e^{ax}(c_2\cos(bx) - c_1\sin(bx))\boldsymbol{v} \tag{7.7}$$

で与えられる．

複素数を積極的に活用して一般解を求めてみよう．$P = (\boldsymbol{w}\ \overline{\boldsymbol{w}})$ とおくと $P^{-1}AP = \mathrm{diag}(\lambda, \bar{\lambda})$ と対角化できる．そこで $\boldsymbol{Y} = P^{-1}\boldsymbol{y}$ とおくと $\boldsymbol{Y} = (Y_1, Y_2)$ は $Y_1' = \lambda Y_1$, $Y_2' = \bar{\lambda} Y_2$ を満たすから $Y_1 = C_1 e^{\lambda x}$, $Y_2 = C_2 e^{\bar{\lambda} x}$ である．したがって

$$\boldsymbol{y} = P\boldsymbol{Y} = C_1 e^{\lambda x}\boldsymbol{w} + C_2 e^{\bar{\lambda} x}\overline{\boldsymbol{w}}$$
$$= C_1 e^{ax}(\cos(bx) + i\sin(bx))(\boldsymbol{u} + i\boldsymbol{v}) + C_2 e^{ax}(\cos(bx) - i\sin(bx))(\boldsymbol{u} - i\boldsymbol{v})$$
$$= e^{ax}\{(C_1 + C_2)\cos(bx) + i(C_1 - C_2)\sin(bx)\}\boldsymbol{u}$$
$$+ e^{ax}\{-(C_1 + C_2)\sin(bx) + i(C_1 - C_2)\cos(bx)\}\boldsymbol{v}$$

ここで $c_1 = C_1 + C_2$, $c_2 = i(C_1 - C_2)$ を実数に選べば (7.7) と一致する．
少し練習してみよう．

問題 7.6 次の連立 1 階常微分方程式の一般解を求めよ．
 (1) $y_1' = 4y_1 + 3y_2$, $y_2' = 2y_1 - y_2$.
 (2) $y_1' = 2y_1 - y_2$, $y_2' = y_1 + 4y_2$.
 (3) $y_1' = y_1 - y_2$, $y_2' = y_1 + y_2$.

7.3 テイラー展開

常微分方程式 (7.4) の解 $\boldsymbol{y} = (y_1(x), y_2(x))$ の成分 $y_1(x)$ と $y_2(x)$ がともに解析的であると仮定して解を求めてみよう[1]．

1] テイラー級数展開について未習の読者は例 6.6 を参照してから次の説明に進んでください．

$y_1(x), y_2(x)$ の $x = 0$ におけるテイラー展開を

$$y_1(x) = \sum_{n=0}^{\infty} \frac{1}{n!} y_1^{(n)}(0) x^n, \quad y_2(x) = \sum_{n=0}^{\infty} \frac{1}{n!} y_2^{(n)}(0) x^n$$

と表しベクトルで表記する．

$$\begin{aligned} \boldsymbol{y}(x) &= \left(\sum_{n=0}^{\infty} \frac{1}{n!} y_1^{(n)}(0) x^n, \sum_{n=0}^{\infty} \frac{1}{n!} y_2^{(n)}(0) x^n \right) \\ &= \sum_{n=0}^{\infty} \frac{x^n}{n!} \left(y_1^{(n)}(0), y_2^{(n)}(0) \right) \\ &= \sum_{n=0}^{\infty} \frac{x^n}{n!} \boldsymbol{y}^{(n)}(0). \end{aligned}$$

ここで $\boldsymbol{y}^{(n)}(0) = \dfrac{\mathrm{d}^n \boldsymbol{y}}{\mathrm{d} x^n}(0)$ とおいた．微分方程式 (7.4) において，A は x に依存していないから

$$\boldsymbol{y}''(x) = A \boldsymbol{y}'(x) = A(A \boldsymbol{y}(x)) = A^2 \boldsymbol{y}(x)$$

となる．微分をくりかえして

$$\frac{\mathrm{d}^n}{\mathrm{d} x^n} \boldsymbol{y}(x) = A^n \boldsymbol{y}(x), \quad n = 0, 1, 2, \cdots$$

が得られるのでテイラー展開は

$$\boldsymbol{y}(x) = \boldsymbol{y}(0) + x A \boldsymbol{y}(0) + \frac{x^2}{2!} A^2 \boldsymbol{y}(0) + \cdots + \frac{x^n}{n!} A^n \boldsymbol{y}(0) + \cdots$$

この結果を

$$\boldsymbol{y}(x) = \left(\sum_{n=0}^{\infty} \frac{x^n}{n!} A^n \right) \boldsymbol{y}(0)$$

とまとめる．指数函数の無限級数展開 (6.5) を思い出そう．行列 $X = (x_{ij}) \in \mathrm{M}_2 \mathbb{R}$ に対して**行列の無限級数**

$$\sum_{n=0}^{\infty} \frac{1}{n!} X^n = \lim_{n \to \infty} \sum_{k=0}^{n} \frac{1}{k!} X^k$$

を考えてみよう．この無限級数について次の定理が成立する．

定理 7.7 どの $X \in \mathrm{M}_2 \mathbb{R}$ についても無限級数 $\sum\limits_{n=0}^{\infty} (X^n/n!)$ は収束する．この無限級数を e^X とか $\exp X$ で表す．

X に e^X を対応させることできまる (行列値の) 函数

$$\exp : \mathrm{M}_2\mathbb{R} \to \mathrm{M}_2\mathbb{R}; \quad X \longmapsto \exp X = \sum_{n=0}^{\infty} \frac{1}{n!} X^n \qquad (7.8)$$

を行列の**指数函数**とよぶ．

注意 指数函数とはいうものの行列では一般には積が交換可能ではないため行列の指数函数に対し，指数法則 $e^X e^Y = e^{X+Y}$ がつねに成立することは期待できない．ただし $XY = YX$ であれば問題ない．

命題 7.8 指数法則 $X, Y \in \mathrm{M}_2\mathbb{R}$ とする．$XY = YX$ ならば $\exp(X+Y) = \exp X \exp Y$．したがって $\exp X \exp(-X) = \exp(X - X) = \exp O = E$ が成り立つ．

系 7.9 どの $X \in \mathrm{M}_2\mathbb{R}$ についても，$\exp X$ は正則で，その逆行列は $(\exp X)^{-1} = \exp(-X)$ で与えられる．

ここまでの観察で (7.4) の解は $\boldsymbol{y}(x) = e^{xA}\boldsymbol{y}(0)$ と表せるはず．確認しておこう．$A = (a_{ij})$ に対し A^n の (i,j) 成分を $a_{ij}^{(n)}$ と書くと e^{tA} の (i,j) 成分 $f_{ij}(x)$ は

$$f_{ij}(x) = \sum_{n=0}^{\infty} \frac{a_{ij}^{(n)}}{n!} x^n$$

で与えられる．$f_{ij}(x)$ を x で項別微分する[2]．

$$\frac{\mathrm{d}}{\mathrm{d}x} f_{ij}(x) = \frac{\mathrm{d}}{\mathrm{d}x} \sum_{n=0}^{\infty} \frac{a_{ij}^{(n)}}{n!} x^n = \sum_{n=0}^{\infty} \frac{\mathrm{d}}{\mathrm{d}x} \left(\frac{a_{ij}^{(n)}}{n!} x^n \right) = \sum_{n=1}^{\infty} \frac{a_{ij}^{(n)}}{(n-1)!} x^{n-1}.$$

ここで $A^n = AA^{n-1}$ に注意すると $a_{ij}^{(n)} = \sum_{k=1}^{2} a_{ik} a_{kj}^{(n-1)}$ と計算される．これを利用すると

$$\frac{\mathrm{d}}{\mathrm{d}x} f_{ij}(x) = \sum_{n=1}^{\infty} \sum_{k=1}^{2} a_{ik} \frac{a_{kj}^{(n-1)}}{(n-1)!} x^{n-1} = \sum_{k=1}^{2} a_{ik} f_{kj}(x).$$

これは

2] 項別微分について未習の読者は定理 6.16 を参照．

$$\frac{\mathrm{d}}{\mathrm{d}x}e^{xA} = A\,e^{xA}$$

にほかならない．同様に $A^n = A^{n-1}A$ を使って $\frac{\mathrm{d}}{\mathrm{d}x}e^{xA} = e^{xA}A$ も確かめられる．

定理 7.10 $A \in \mathrm{M}_2\mathbb{R}$ とする．行列値函数 $x \longmapsto e^{xA}$ はすべての実数 x に対し微分可能で

$$\frac{\mathrm{d}}{\mathrm{d}x}e^{xA} = A\,e^{xA} = e^{xA}\,A$$

を満たす．

この定理から次の結果が導かれる ($n=1$ のときは p.30 の注意で述べた)．

定理 7.11 $\boldsymbol{y}_0 \in \mathbb{R}^2$ とする．常微分方程式 (7.4) の解で初期条件 $\boldsymbol{y}(0) = \boldsymbol{y}_0$ を満たす解は $\boldsymbol{y}(x) = e^{xA}\boldsymbol{y}_0$ で与えられ，しかもこれのみである．

証明 $\boldsymbol{y}(x) = e^{xA}\boldsymbol{y}_0$ を微分すると

$$\frac{\mathrm{d}}{\mathrm{d}x}\boldsymbol{y}(x) = \frac{\mathrm{d}}{\mathrm{d}x}(e^{xA}\boldsymbol{y}_0) = Ae^{xA}\boldsymbol{y}_0 = A\boldsymbol{y}(x)$$

だから確かに (7.4) の解で初期条件 $\boldsymbol{y}(0) = \boldsymbol{y}_0$ を満たしている．

同じ初期条件を満たす別の解 $\boldsymbol{z}(x)$ があると仮定する．いま $\boldsymbol{w}(x) = e^{-xA}\boldsymbol{z}(x)$ とおくと

$$\boldsymbol{w}'(x) = (e^{-xA})'\boldsymbol{z}(x) + (e^{-xA})\boldsymbol{z}'(x)$$
$$= e^{-xA}(-A)\boldsymbol{z}(x) + e^{-xA}A\boldsymbol{z}(x) = \boldsymbol{0}.$$

したがって $\boldsymbol{w}(x)$ は x に依存していない一定のベクトル．初期条件から $\boldsymbol{w}(0) = \boldsymbol{z}(0) = \boldsymbol{y}_0$ なので $e^{-xA}\boldsymbol{z}(x) = \boldsymbol{y}_0$，すなわち $\boldsymbol{z}(x) = \boldsymbol{y}(x)$． ∎

前の節で説明した「固有値・固有ベクトルを用いた解法」との関連を調べよう．その準備のため，いくつかの特別な行列に対し指数函数を計算しておく．

例 7.12 単位行列　単位行列 E に対し，$E^n = E$ なので実数 t に対し

$$\exp(tE) = \sum_{n=0}^{\infty}\frac{t^n}{n!}E = e^tE = \begin{pmatrix} e^t & 0 \\ 0 & e^t \end{pmatrix}$$

とくに $t=0$ とすれば，零行列 O に対し $e^O = E$ が得られる．

例 7.13 対角行列 $X = \begin{pmatrix} \alpha & 0 \\ 0 & \beta \end{pmatrix}$ とすると $X^n = \begin{pmatrix} \alpha^n & 0 \\ 0 & \beta^n \end{pmatrix}$ なので

$$\exp\left\{t\begin{pmatrix} \alpha & 0 \\ 0 & \beta \end{pmatrix}\right\} = \begin{pmatrix} e^{\alpha t} & 0 \\ 0 & e^{\beta t} \end{pmatrix}.$$

例 7.14 $Y = \begin{pmatrix} \alpha & 1 \\ 0 & \alpha \end{pmatrix}$ に対し e^{tY} を計算する．まず $Y = X + N$, $X = \begin{pmatrix} \alpha & 0 \\ 0 & \alpha \end{pmatrix}$, $N = \begin{pmatrix} 0 & 1 \\ 0 & 0 \end{pmatrix}$ と分解する．$XN = NX$ および $N^2 = O$ であることを利用する．$NX = XN$ より二項定理 (命題 0.11) を使うことができて

$$\begin{aligned} Y^n = (N+X)^n &= \sum_{k=0}^{n} {}_n\mathrm{C}_k N^k X^{n-k} \\ &= {}_n\mathrm{C}_0 X^n N^0 + {}_n\mathrm{C}_1 X^{n-1} N^1 \\ &= X^n + n X^{n-1} N \end{aligned}$$

と計算される．$X^n = \begin{pmatrix} \alpha^n & 0 \\ 0 & \alpha^n \end{pmatrix}$ より $Y^n = \begin{pmatrix} \alpha^n & n\alpha^{n-1} \\ 0 & \alpha^n \end{pmatrix}$. したがって $e^{tY} = \begin{pmatrix} e^{\alpha t} & te^{\alpha t} \\ 0 & e^{\alpha t} \end{pmatrix}$.

例 7.15 $J = \begin{pmatrix} 0 & -1 \\ 1 & 0 \end{pmatrix}$ に対し $J^2 = -E$ なので $J^{2m} = (-1)^m E$, $J^{2m+1} = (-1)^m J$. したがって

$$\begin{aligned} e^{tJ} &= \sum_{n=0}^{\infty} \frac{t^n}{n!} J^n \\ &= \sum_{m=0}^{\infty} \frac{t^{2m}}{(2m)!} J^{2m} + \sum_{m=0}^{\infty} \frac{t^{2m+1}}{(2m+1)!} J^{2m+1} \\ &= \sum_{m=0}^{\infty} \frac{t^{2m}}{(2m)!} (-1)^m E + \sum_{m=0}^{\infty} \frac{t^{2m+1}}{(2m+1)!} (-1)^m J. \end{aligned}$$

ここで正弦関数 $\sin t$ と余弦関数 $\cos t$ のテイラー展開 (6.7), (6.6) を利用すると

$$e^{tJ} = \cos t\, E + \sin t\, J = \begin{pmatrix} \cos t & -\sin t \\ \sin t & \cos t \end{pmatrix}$$

が得られる．この行列の幾何学的意味はあとで説明する (例 7.19)．

例 7.16 $\hat{J} = \begin{pmatrix} 0 & 1 \\ 1 & 0 \end{pmatrix}$ と選ぶと $\hat{J}^2 = E$ なので $\hat{J}^{2m} = E$, $\hat{J}^{2m+1} = \hat{J}$ を得る．前の例と同様の計算で

$$e^{t\hat{J}} = \sum_{n=0}^{\infty} \frac{t^n}{n!} \hat{J}^n$$
$$= \sum_{m=0}^{\infty} \frac{t^{2m}}{(2m)!} \hat{J}^{2m} + \sum_{m=0}^{\infty} \frac{t^{2m+1}}{(2m+1)!} \hat{J}^{2m+1}$$
$$= \sum_{m=0}^{\infty} \frac{t^{2m}}{(2m)!} E + \sum_{m=0}^{\infty} \frac{t^{2m+1}}{(2m+1)!} \hat{J}.$$

今度は双曲正弦函数と双曲余弦函数のテイラー展開 (6.8), (6.9) を使って

$$e^{t\hat{J}} = \cosh t\, E + \sinh t\, \hat{J} = \begin{pmatrix} \cosh t & \sinh t \\ \sinh t & \cosh t \end{pmatrix}$$

となる．

懸案だった (7.4) の二つの解法 (対角化を用いる方法と行列の指数函数を用いる方法) の比較検討を行う．検討の鍵を握るのは次の公式である．

$$\exp(P^{-1}AP) = P^{-1}(\exp A)P.$$

これは $(P^{-1}AP)^n = P^{-1}A^nP$ に注意すれば簡単に確かめられる．

まず係数行列 A が対角化可能なときを考えよう．

$$\exp(xA) = P\left\{\exp(x\,\mathrm{diag}(\lambda_1, \lambda_2))\right\} P^{-1}$$

に注意して一般解を書き換える．初期値は $\boldsymbol{y}(0) = c_1\boldsymbol{p}_1 + c_2\boldsymbol{p}_2$ である．

$$\boldsymbol{y} = c_1 e^{\lambda_1 x} \boldsymbol{p}_1 + c_2 e^{\lambda_2 x} \boldsymbol{p}_2 = P \begin{pmatrix} e^{\lambda_1 x} & 0 \\ 0 & e^{\lambda_2 x} \end{pmatrix} \begin{pmatrix} c_1 \\ c_2 \end{pmatrix}$$
$$= P \begin{pmatrix} e^{\lambda_1 x} & 0 \\ 0 & e^{\lambda_2 x} \end{pmatrix} P^{-1} P \begin{pmatrix} c_1 \\ c_2 \end{pmatrix}$$
$$= \exp(xP\,\mathrm{diag}(\lambda_1, \lambda_2)P^{-1})\boldsymbol{y}_0 = \exp(xA)\boldsymbol{y}_0.$$

したがって行列の指数函数を使った解法の結果と一致することが確かめられた．

特性方程式が虚数解をもつ場合は

$$\boldsymbol{y} = e^{ax}Q\begin{pmatrix} c_1\cos(bx) + c_2\sin(bx) \\ c_2\cos(bx) - c_1\sin(bx) \end{pmatrix} = Q(e^{ax}E)\begin{pmatrix} \cos(bx) & \sin(bx) \\ -\sin(bx) & \cos(bx) \end{pmatrix}\begin{pmatrix} c_1 \\ c_2 \end{pmatrix}$$

と書き換える．例 7.13 と例 7.15 を使うと

$$\boldsymbol{y} = Q\exp(axE)\exp(-bxJ)\begin{pmatrix} c_1 \\ c_2 \end{pmatrix} = Q\exp(x(aE - bJ))\begin{pmatrix} c_1 \\ c_2 \end{pmatrix}$$

$$= Q\exp(axE)\exp(-bxJ)\begin{pmatrix} c_1 \\ c_2 \end{pmatrix} = Q\exp(x(aE - bJ))Q^{-1}Q\begin{pmatrix} c_1 \\ c_2 \end{pmatrix}$$

$$= \exp\left(Q(x(aE - bJ)Q^{-1}\right)Q\begin{pmatrix} c_1 \\ c_2 \end{pmatrix} = \exp(xA)Q\begin{pmatrix} c_1 \\ c_2 \end{pmatrix} = \exp(xA)\boldsymbol{y}_0$$

である．

問題 7.17 固有方程式が重解をもつ場合に $\boldsymbol{y} = \exp(xA)\boldsymbol{y}_0$ が成り立つことを確かめよ．

7.4　1 径数群

実数 s, t と行列 A に対し sA と tA は交換可能なので指数法則より $\exp(sA)\exp(tA) = \exp(sA + tA) = \exp\{(s + t)A\}$ が成立する．ここで $a(t) = \exp(tA)$ とおき，さらに $G_A = \{a(t) = \exp(tA) \mid t \in \mathbb{R}\}$ とおくと

- $s, t \in \mathbb{R}$ に対し $a(s)a(t) = a(t)a(s) = a(s + t)$,
- $a(t)^{-1} = a(-t), a(0) = E$

を満たしている．

群論について学んだ読者向けの注意　G_A は積に関し群をなす．G_A を行列 A の定める **1 径数群**とよぶ．

G_A の要素 $a(t) = \exp(tA)$ は数平面 $\mathbb{R}^2$ 上の 1 次変換 $\boldsymbol{p} \longmapsto a(t)\boldsymbol{p}$ を定めていることに注意しよう．

定義 7.18 1径数群 $G_A = \{a(t) = \exp(tA) \mid t \in \mathbb{R}\}$ が与えられているとする．1点 p に対し

$$G_A \cdot \boldsymbol{p} = \{a(t)\boldsymbol{p} \mid t \in \mathbb{R}\}$$

を $\boldsymbol{p}$ の 1 径数群 G_A による**軌道**とよぶ．

例 7.19 回転群 J を例 7.15 で与えた行列とする．$j(t) = \exp(tJ)$ がどのような 1 次変換であるか調べておく．極座標を使って $\boldsymbol{p} = (x,y) = (r\cos\theta, r\sin\theta)$ と表すと

$$j(t)\boldsymbol{p} = \begin{pmatrix} r\cos t \cos\theta - r\sin t \sin\theta \\ r\sin t \cos\theta + r\cos t \sin\theta \end{pmatrix} = \begin{pmatrix} r\cos(\theta+t) \\ r\sin(\theta+t) \end{pmatrix}$$

であるから $j(t)\boldsymbol{p}$ は，原点を中心とする回転角 t の回転を $\boldsymbol{p}$ に施した結果得られる点である．とくに J は回転角 $\pi/2$ の回転．また $\boldsymbol{p}$ の G_J による軌道は $\boldsymbol{p}$ を通り原点を中心とする円周である (図 7.1)．

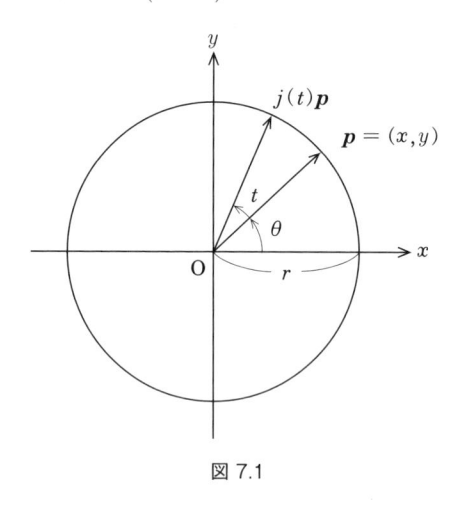

図 7.1

例 7.20 次に例 7.16 で考察した $\hat{j}(t) = \exp(t\hat{J})$ を調べる．たとえば $(1,0)$ の $G_{\hat{j}}$ による軌道は $\hat{j}(t)(1,0) = (\cosh t, \sinh t)$ であるから双曲線 $x^2 - y^2 = 1$ の $x > 0$ の部分である (図 7.2)．

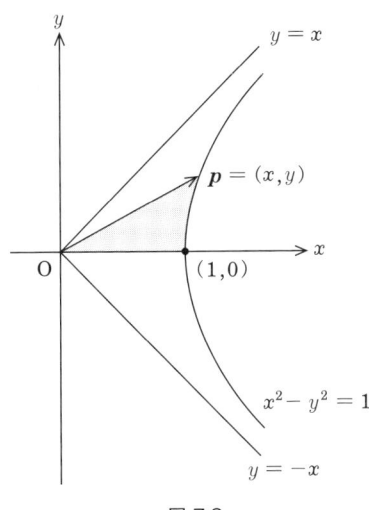

図 7.2

特殊相対性理論　特殊相対性理論では直線上の運動を扱う際に位置の座標 x と時間座標 t をもつミンコフスキー平面とよばれる平面 $\mathbb{R}^{1,1}$ を用いる．$\hat{j}(s)$ をミンコフスキー平面上の 1 次変換と考えブースト (boost) とよぶ．二つの慣性系 $\mathcal{S} = (\mathrm{O}, x, t)$, $\widetilde{\mathcal{S}} = (\widetilde{\mathrm{O}}, \tilde{x}, \tilde{t})$ はいま次の条件を満たしているとしよう．

- x 軸と $\tilde{x}$ 軸は平行．
- t 軸と $\tilde{t}$ 軸は平行．
- $t = \tilde{t} = 0$ のとき両者の原点 O と $\widetilde{\mathrm{O}}$ の座標は一致する．
- $\widetilde{\mathcal{S}}$ は $\mathcal{S}$ の x 軸の正の方向へ相対速度 $v > 0$ で移動している．

このとき，光速度不変の原理・相対性原理より $\mathcal{S}$ の座標系 (x, t) と $\widetilde{\mathcal{S}}$ の座標系 $(\tilde{x}, \tilde{t})$ との間の変換法則は

$$\begin{pmatrix} \tilde{x} \\ \tilde{t} \end{pmatrix} = \frac{1}{\sqrt{1 - \left(\dfrac{v}{c}\right)^2}} \begin{pmatrix} 1 & -v \\ -\dfrac{v}{c^2} & 1 \end{pmatrix} \begin{pmatrix} x \\ t \end{pmatrix}$$

で与えられる．ただし c は光速を表す．この変換は**ローレンツ変換**とよばれる変換の特別な例である．$x_1 = x$, $x_2 = ct$, $\tilde{x}_1 = \tilde{x}$, $\tilde{x}_2 = c\tilde{t}$ と表記を変更すると変換法則は

$$\begin{pmatrix} \tilde{x}_1 \\ \tilde{x}_2 \end{pmatrix} = \frac{1}{\sqrt{1 - \left(\dfrac{v}{c}\right)^2}} \begin{pmatrix} 1 & -\dfrac{v}{c} \\ -\dfrac{v}{c} & 1 \end{pmatrix} \begin{pmatrix} x_1 \\ x_2 \end{pmatrix}$$

と書き直される．

光速度不変の原理より $0 < |v/c| < 1$ なので $v/c = \tanh s = \sinh s / \cosh s$ とおける[3]．ここで双曲線函数 $\cosh s$ と $\sinh s$ が満たす式 $(\cosh s)^2 - (\sinh s)^2 = 1$ の両辺を $(\cosh s)^2$ で割ると $1 - (\tanh s)^2 = \dfrac{1}{(\cosh s)^2}$ が得られることより $1 - (v/c)^2 = 1/(\cosh s)^2$．以上より変換法則は

$$\begin{pmatrix} \tilde{x}_1 \\ \tilde{x}_2 \end{pmatrix} = \begin{pmatrix} \cosh s & -\sinh s \\ -\sinh s & \cosh s \end{pmatrix} \begin{pmatrix} x_1 \\ x_2 \end{pmatrix}$$

となる．ブースト $\hat{j}(s) = \exp(s\hat{J})$ を用いれば変換法則を

$$\begin{pmatrix} \tilde{x}_1 \\ \tilde{x}_2 \end{pmatrix} = \hat{j}(-s) \begin{pmatrix} x_1 \\ x_2 \end{pmatrix}$$

と表記できる．

7.5 ベクトル場の積分曲線

1 径数群の応用を紹介しよう．

(x, y) を座標にもつ数平面 $\mathbb{R}^2 = \{(x, y) \mid x, y \in \mathbb{R}\}$ を考える．$\mathbb{R}^2$ 内の領域 $\mathcal{D}$ で定義された C^∞ 級の函数 $P(x, y)$ と $Q(x, y)$ を並べたもの

$$\boldsymbol{F}(x, y) = (P(x, y), Q(x, y))$$

をベクトル場とよぶ．数平面の 1 点 (x_0, y_0) に対し (x_0, y_0) を始点とするベクトル $\boldsymbol{F}(x_0, y_0)$ を対応させるのでこの名称でよばれる．$\mathcal{D}$ 内の曲線 $\boldsymbol{p}(t) = (x(t), y(t))$ が

$$\dot{x}(t) = P(x(t), y(t)), \quad \dot{y}(t) = Q(x(t), y(t))$$

を満たすとき，この曲線を $\boldsymbol{F}$ の **積分曲線** とよぶ．積分曲線の方程式は連立の 1 階常微分方程式である[4]．

例 7.21 定ベクトル場　a, b を定数とする．$\boldsymbol{F}(x, y) = (a, b)$ のとき積分曲線は $(x(t), y(t)) = (x_0, y_0) + t(a, b)$．すなわち直線 (図 7.3)．

3] $-1 \leqq \tanh s \leqq 1$ に注意．
4] この節の内容については拙著『リッカチのひ・み・つ』第 6 章も参照されたい．

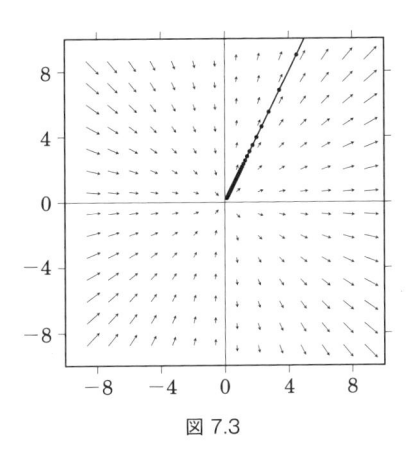

図 7.3

例 7.22 放物線軌道のベクトル場　ベクトル場 $\boldsymbol{F}(x,y) = (1,x)$ を考える．初期条件 $\boldsymbol{p}(0) = (x_0, y_0)$ を満たす積分曲線は $\boldsymbol{p}(t) = (x_0 + t, t^2/2 + x_0 t + y_0)$ で与えられるから $\boldsymbol{p}_0$ を通る放物線である (図 7.4)．

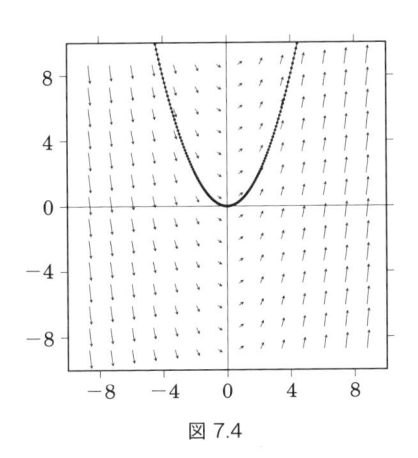

図 7.4

例 7.23 線型なベクトル場　ベクトル場 $\boldsymbol{F}$ が

$$\boldsymbol{F}(x,y) = (ax+by, cx+dy), \quad a,b,c,d \in \mathbb{R}$$

で与えられたとき $p(t) = (x(t), y(t))$, $A = \begin{pmatrix} a & b \\ c & d \end{pmatrix}$ とおくと積分曲線の方程式は $\dot{p}(t) = Ap(t)$ と書き直せるから，初期条件 $p(0) = p_0 = (x_0, y_0)$ を満たす解は $p(t) = \exp(tA)p_0$ で与えられる．

例 7.24 回転のベクトル場　ベクトル場 $F(x, y) = (-y, x)$ を考える．積分曲線は $p(t) = \exp(tJ)p_0$ で与えられるから p_0 を通り原点を中心とする円である (図 7.5)．

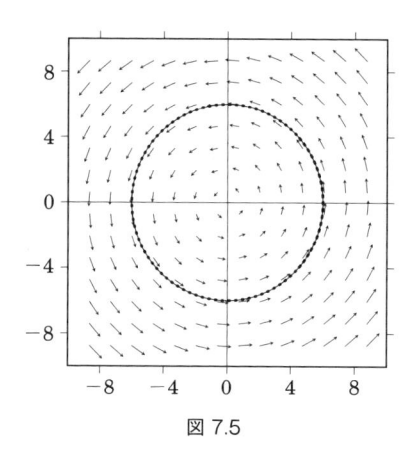

図 7.5

例 7.25 ブーストのベクトル場　ベクトル場 $F(x, y) = (y, x)$ を考える．積分曲線は $p(t) = \exp(t\hat{J})p_0$ で与えられるから p_0 を通る双曲線である (図 7.6)．

注意 Maxima　フリーソフト Maxima でベクトル場とその積分曲線を描くことができる．この節にある図は Maxima で描いたものである (wxMaxima 15.04.0)．たとえば回転の場合は次のように入力した．

(%i1) plotdf([-y,x], [x,y], [trajectory_at,6,0])$

図 7.6

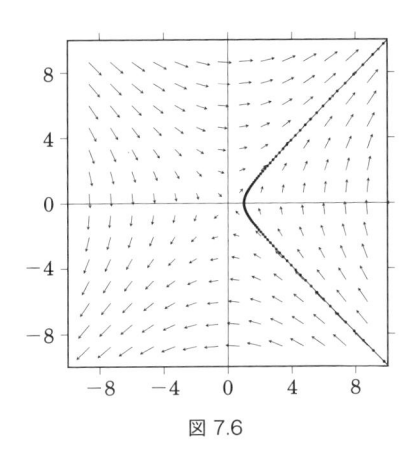

7.6 平衡点

この節では (都合により) 前の節とは記法を変えて数平面の座標を (x_1, x_2) とする．また 2 変数関数に対する偏微分演算とテイラー展開を利用する．

連立 1 階常微分方程式

$$\frac{dx_1}{dt} = f_1(x_1, x_2), \quad \frac{dx_2}{dt} = f_2(x_1, x_2) \tag{7.9}$$

において $f_1(a_1, a_2) = f_2(a_1, a_2) = 0$ となる点 $\boldsymbol{a} = (a_1, a_2)$ をこの連立 1 階常微分方程式の**平衡点**とよぶ．たとえば

$$\dot{x}_1(t) = a_{11}x_1 + a_{12}x_2, \quad \dot{x}_2(t) = a_{21}x_1 + a_{22}x_2$$

において $a_{11}a_{22} - a_{12}a_{21} \neq 0$ なら平衡点は原点 $(0,0)$ のみである．f_1 と f_2 を並べてベクトル場 $\boldsymbol{F}(x_1, x_2) = (f_1(x_1, x_2), f_2(x_1, x_2))$ をつくる．

平衡点のまわりでの解曲線 $\boldsymbol{x}(t) = (x_1(t), x_2(t))$ の振る舞いを調べるために $\boldsymbol{x}(t) - \boldsymbol{a} = \varepsilon \boldsymbol{u}(t) = \varepsilon(u_1(t), u_2(t))$ とおき (7.9) に代入する．
$\varepsilon \dot{\boldsymbol{u}}(t) = \boldsymbol{F}(\boldsymbol{a} + \varepsilon \boldsymbol{u})$．この右辺をテイラー展開する．

$$\boldsymbol{F}(\boldsymbol{a} + \varepsilon \boldsymbol{u}) = \boldsymbol{F}(\boldsymbol{a}) + \varepsilon \begin{pmatrix} (f_1)_{x_1}(a_1, a_2) & (f_1)_{x_2}(a_1, a_2) \\ (f_2)_{x_1}(a_1, a_2) & (f_2)_{x_2}(a_1, a_2) \end{pmatrix} \begin{pmatrix} u_1(t) \\ u_2(t) \end{pmatrix} + \varepsilon^2 \text{以上の項}.$$

ここで $(f_i)_{x_j}$ は偏導函数

$$(f_i)_{x_j} = \frac{\partial f_i}{\partial x_j}$$

を表す．

注意 数平面 $\mathbb{R}^2$ 内の領域 $\mathcal{D}$ 上の函数 $f(x_1, x_2)$ が解析的であるとき (a_1, a_2) におけるテイラー展開は

$$f(a_1 + h_1, a_2 + h_2)$$
$$= f(a_1, a_2) + \sum_{i=1}^{2} h_i \frac{\partial f}{\partial x_i}(a_1, a_2) + \frac{1}{2!} \sum_{i,j=1}^{2} h_i h_j \frac{\partial^2 f}{\partial x_i x_j}(a_1, a_2) + \cdots$$

で与えられる．これをベクトル場 $\boldsymbol{F}$ の成分 f_1, f_2 に適用し $h_i = \varepsilon u_i$ とおけば上の式が得られる．

ε について 2 次以上の項を打ち切ると $\boldsymbol{F}(\boldsymbol{a}) = \boldsymbol{0}$ であるから

$$\dot{\boldsymbol{u}}(t) = \begin{pmatrix} (f_1)_{x_1}(a_1, a_2) & (f_1)_{x_2}(a_1, a_2) \\ (f_2)_{x_1}(a_1, a_2) & (f_2)_{x_2}(a_1, a_2) \end{pmatrix} \boldsymbol{u}(t)$$

が得られる．これは平衡点のまわりで (7.9) を近似した連立微分方程式であり (7.9) の**線型近似**とよばれる．行列

$$(D\boldsymbol{F})(a_1, a_2) = \begin{pmatrix} (f_1)_{x_1}(a_1, a_2) & (f_1)_{x_2}(a_1, a_2) \\ (f_2)_{x_1}(a_1, a_2) & (f_2)_{x_2}(a_1, a_2) \end{pmatrix}$$

を $\boldsymbol{F}$ の (a_1, a_2) における**ヤコビ行列**とよぶ．線型近似は 7.2 節から 7.4 節で学んできた連立 1 階線型常微分方程式であり，初期条件 $\boldsymbol{u}(0) = \boldsymbol{u}_0$ を満たす解が $\boldsymbol{u}(t) = \exp\{t(D\boldsymbol{F})(a_1, a_2)\}\boldsymbol{u}_0$ で与えられることを学んだ．線型近似の解は $(D\boldsymbol{F})(a_1, a_2)$ の特性根で決まってしまう．言い方をかえると (7.9) の解の平衡点の近くでの振る舞いはヤコビ行列の特性根で決まってしまう[5]．

線型近似を詳しく調べるために $\dot{\boldsymbol{x}}(t) = A\boldsymbol{x}(t)$ の解曲線が A の固有値の性質でどのように変化するかを観察してみよう．A が正則行列の場合だけを考えておく．

例 7.26 $\boldsymbol{\lambda_1 \leq \lambda_2 < 0}$ **のとき** (7.5) および (7.6) より $\lim_{t \to \infty} \boldsymbol{x}(t) = \boldsymbol{0}$ である．解曲線は平衡点に向かって進む．このような平衡点は**結節点**とよばれる．$\lambda_1 = \lambda_2$ のとき退化結節点とよぶこともある．また $\lambda_1 < \lambda_2$ のときは安定結節点ともよ

---

[5] 正確にはこれは言い過ぎであり，線型近似では正確な情報がつかめない例もある．たとえば $\dot{x}_1 = -x_2 - x_1(x_1^2 + x_2^2), \dot{x}_2 = x_1 - x_2(x_1^2 + x_2^2)$ は線型近似すると平衡点の性質が変わってしまう．

ばれる.たとえば $\lambda_1 = -2 < \lambda_2 = -1$ のとき $A = \text{diag}(-2, -1)$ と選んでみると $\boldsymbol{x}(t) = A\boldsymbol{x}_0$ の解曲線は以下のようになる (図 7.7).

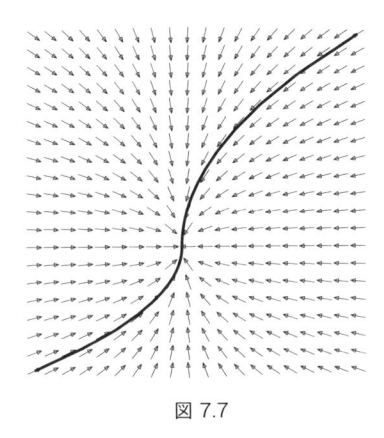

図 7.7

また $\lambda_1 = \lambda_2 = -2$ の場合は次のようになる (図 7.8).

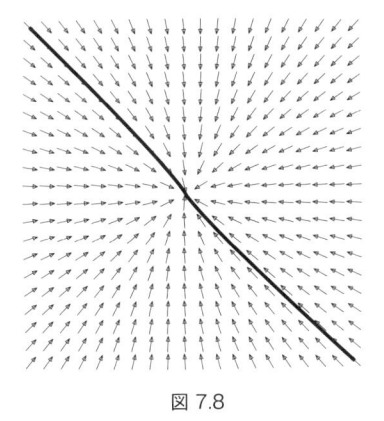

図 7.8

例 7.27 $\boldsymbol{\lambda_1 < 0 < \lambda_2}$ **のとき** (7.5) より t が大きくなると $\boldsymbol{x}(t)$ は $c_2 e^{\lambda_2 t} \boldsymbol{p}_2$ に近づく.この平衡点は鞍点とよばれる.たとえば例 7.20 で扱った $\boldsymbol{x}(t) = \exp(t\hat{J})\boldsymbol{x}_0$ の解曲線は双曲線軌道を描く (図 7.9).

図 7.9

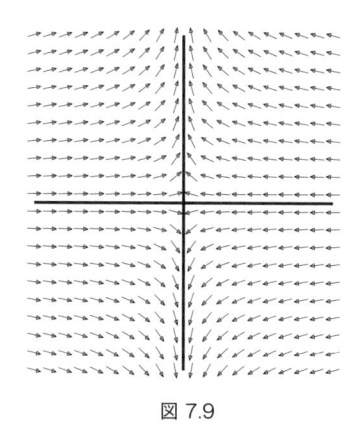

例 7.28 $0 < \lambda_1 \leqq \lambda_2$ のとき $\lambda_1 \leqq \lambda_2 < 0$ のときと逆にだんだん平衡点から遠ざかる．不安定結節点とよばれる．たとえば $A = \mathrm{diag}(2,1)$ と選んでみると $\boldsymbol{x}(t) = A\boldsymbol{x}_0$ の解曲線は以下のようになる (図 7.10).

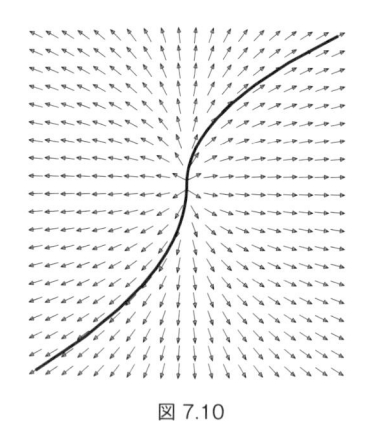

図 7.10

例 7.29 虚数解 $\lambda = a + bi, \bar{\lambda} = a - bi$ のとき (7.7) をみると a の符号で振る舞いが変わることに気づく．

- $a < 0$ のとき：螺旋状の解曲線を描きながら原点に近づく．この平衡点を**安定渦状点**(漸近安定渦状点) という．
- $a > 0$ のとき：$a < 0$ のときと逆に螺旋状の解曲線を描きながら原点から離

れていく．この平衡点を**不安定渦状点**という．
- $a = 0$ のとき：楕円軌道 (円の場合を含む) を描く．この平衡点を**渦心点**という．

$\dot{x}_1 = -2x_1 + x_2, \dot{x}_2 = -x_1 - x_2$ の場合，特性根は $(-3 \pm \sqrt{3}i)/2$. 原点は安定渦状点 (図 7.11).

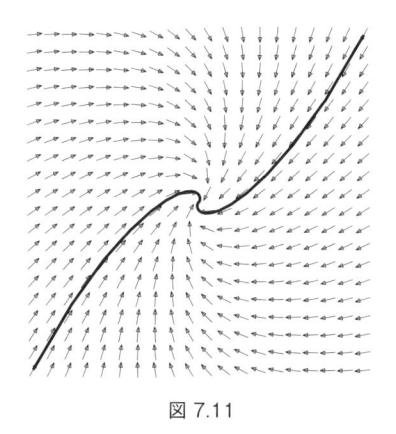

図 7.11

$\dot{x}_1 = x_1 - x_2, \dot{x}_2 = x_1 + x_2$ の場合，特性根は $1 \pm i$. 原点は不安定渦状点 (図 7.12).

$\dot{x}_1 = -x_1 + 2x_2, \dot{x}_2 = -2x_1 + x_2$ の場合，特性根は $\pm \sqrt{3}i$. 原点は渦心点 (図 7.13).

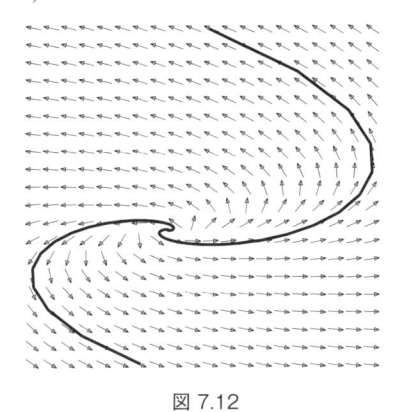

図 7.12　　　　図 7.13

本章冒頭のロトカ–ヴォルテラ方程式に戻ろう.

例題 7.30 ロトカ–ヴォルテラ方程式　被補食者・補食者モデルのロトカ–ヴォルテラ方程式 (7.2) の線型近似を調べよ.

解　$\dot{x}_1(t) = ax_1(t) - bx_1(t)x_2(t)$, $\dot{x}_2(t) = -cx_2(t) + dx_1(t)x_2(t)$ の平衡点は $(0,0)$ および $(c/d, a/b)$. ヤコビ行列は

$$D\boldsymbol{F} = \begin{pmatrix} a - bx_2 & -bx_1 \\ dx_2 & -c + dx_1 \end{pmatrix}$$

であるから原点における線型近似, $(c/d, a/b)$ における線型近似はそれぞれ

$$\dot{\boldsymbol{u}} = \begin{pmatrix} a & 0 \\ 0 & -c \end{pmatrix}\boldsymbol{u}, \quad \dot{\boldsymbol{u}} = \begin{pmatrix} 0 & -bc/d \\ ad/b & 0 \end{pmatrix}\boldsymbol{u}.$$

$\boldsymbol{u}(0) = \boldsymbol{u}_0 = (u_1^0, u_2^0)$ とおく. 原点における線型近似において $A = (D\boldsymbol{F})(0,0)$ は固有値 $a, -c$ をもつから

$$\boldsymbol{u}(t) = (e^{at}u_1^0, e^{-ct}u_2^0).$$

原点は鞍点である.

$(c/d, a/b)$ における線型近似は特性根が $\pm\sqrt{aci}$ であるからこの平衡点は渦心点である. $\boldsymbol{u}(t)$ は楕円軌道を描く. $a = c = 1, b = d = 3$ の場合に線型近似の解曲線

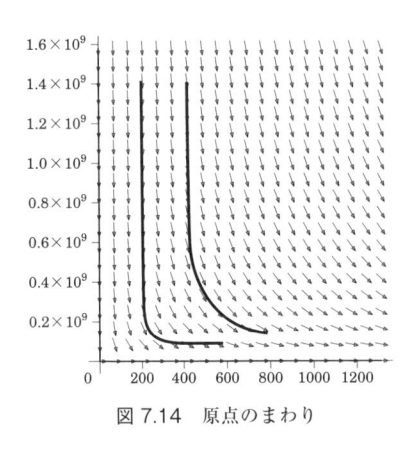

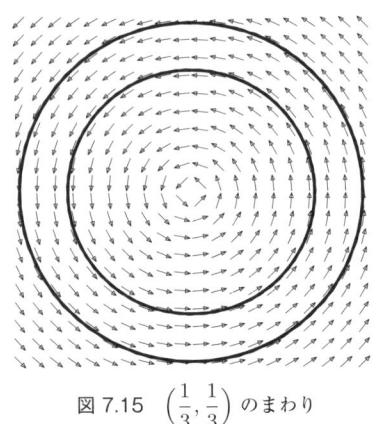

図 7.14　原点のまわり

図 7.15　$\left(\dfrac{1}{3}, \dfrac{1}{3}\right)$ のまわり

を描いてみると図 7.14, 7.15 のようになる.

平衡点から離れた部分の情報は線型近似から得られないが,解曲線全体は閉じた曲線 (閉軌道) を描くことが知られている (図 7.16).

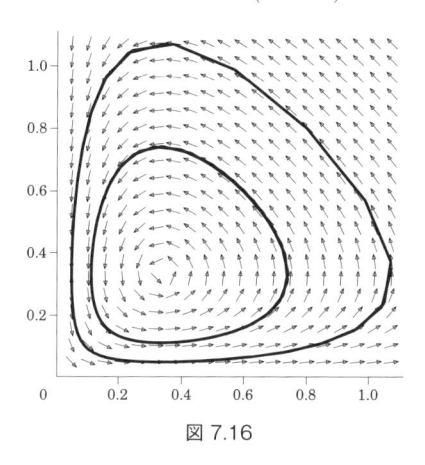

図 7.16

閉軌道をもつことから,いまの状況にあれば捕食者も被捕食者も絶滅しないことが予想される.より詳しい分析は数理生態学の教科書を参照してほしい[6]. □

COLUMN	同じ方程式

例 1.1 から例 1.5 の五つの例はどれも変数分離形の常微分方程式 $\dot{N}(t) = rN(t)$ に従っている.例 3.1 (空気中の落下運動) と 3.2 (RL 回路) はともに 1 階線型常微分方程式に,例題 4.25 (強制振動) と 4.26 (RLC 回路) はともに 2 階線型常微分方程式に従っていた.このようにまったく異なる背景から出てくる数学的モデルが同じ (形の) 微分方程式になることがある.それぞれの問題を見ているだけでは気づかない「仕組み」が数学的モデルによって明らかになる (見通しが与えられる).別の言い方をすれば,同じ方程式でさまざまな問題に対応できる (汎用性が高い).

---

[6] デヴィッド・バージェス,モラグ・ボリー『微分方程式で数学モデルを作ろう』,日本評論社 (1990),7.3 節にも説明がある.

問題への見通しを与えてくれることや汎用性の高さが「数学を学ぶ意義」なのだと感じてほしい．このコラムではもう一つ例を紹介しておこう．

ロトカ–ヴォルテラ方程式は 2 種類の生物を想定した方程式であった (アドリア海のサメとその餌となる魚)．多くの種類の生物で「食べる・食べられる」という関係が連鎖した場合の簡単なモデルを考える．k 番目の種は $(k+1)$ 番目の種を補食し，$(k-1)$ 番目の種に補食されるという場合で k 番目の種の個体数 $N_k(t)$ が $\dot{N}_k(t) = (N_{k-1}(t) - N_{k+1}(t))N_k(t)$ で与えられるとしよう．この方程式を一見しただけではなかなか想像できないが，この連立常微分方程式から連結された電気回路 (梯型 LC 回路) の方程式や，第 6 章のコラムで触れた戸田格子が導かれる[7]．

箱玉系やハングリーロトカ–ボルテラ方程式 (hungry Lotka-Voltera equation) について調べてみよう[8]．

演習問題

問 7.1 $\dot{x}_1 = -x_1 + 2x_2, \dot{x}_2 = -4x_1 + 3x_2$ の平衡点を求めよ．また平衡点の種類を調べよ．

問 7.2 $\dot{x}_1 = -x_1 + x_2 - 1, \dot{x}_2 = -x_1 - 3x_2 - 5$ の平衡点を求めよ．また平衡点の種類を調べよ．

---

[7] 和達三樹『非線形波動』，岩波書店 (2000), 6–8 節参照．
[8] 広田良吾, 高橋大輔『差分と超離散』，共立出版 (2003) 参照．

第8章
エピローグ：
なぜ微分積分を学んできたのだろうか

ねえ君，不思議だと思いませんか (寺田寅彦)

8.1 オイラー–ラグランジュ方程式

高等学校で微分積分を学ぶ理由はどこにあるのだろうか．一つの回答をこの章で説明したい．

補題 8.1　変分法の基本補題　$F(x)$ を閉区間 $[a,b]$ で連続な函数とする．$\eta(a) = \eta(b) = 0$ を満たす任意の連続函数 η に対し
$$\int_a^b F(x)\eta(x)\,\mathrm{d}x = 0$$
を満たせば $F(x) = 0$ である．

証明　もし $\tilde{x} \in (a,b)$ で $F(\tilde{x}) \neq 0$ であれば，F の連続性より $\tilde{x}$ を含む開区間 $(c,d) \subset (a,b)$ でその上で $F > 0$ となるものが存在する ($F(\tilde{x}) < 0$ なら $-F$ を考えればよい)．そこで
$$\eta(x) = \begin{cases} 0, & (a \leqq x \leqq c) \\ (x-c)^2(x-d)^2, & (c \leqq x \leqq d) \\ 0, & (d \leqq x \leqq b) \end{cases}$$
と定めると η は (a,b) 上で連続で $\eta(a) = \eta(b) = 0$.
$$0 = \int_a^b F(x)\eta(x)\,\mathrm{d}x = \int_c^d F(x)(x-c)^2(x-d)^2\,\mathrm{d}x > 0$$

となり矛盾. ■

$y(a) = y_1, y(b) = y_2$ を満たす微分可能な函数 $y = y(x)$ に対し積分

$$I = \int_a^b F(x, y, y') \, dx$$

を考える．F は x, y, y' を変数にもつ C^1 級の函数である．

注意 F の定義域をもっと正確・厳密に記述するためには 1 次のジェット空間という概念を必要とする．x, y に加え $y' = dy/dx$ を座標にもつ 3 次元数空間

$$\mathcal{J}^{(1)} = \left\{ (x, y, y') \mid y' = \frac{dy}{dx} \right\}$$

を 1 次のジェット空間とよぶ．F は $\mathcal{J}^{(1)}$ 上の C^1 級函数である．

$y = y(x)$ をいろいろ変えることで I の値は変わる．つまり I は y の函数である．より正確には I は

$$\Omega(y_1, y_2) = \left\{ y \in C^1[a, b] \mid y(a) = y_1, \ y(b) = y_2 \right\}$$

という集合上の函数である．函数を変数にもつ函数，つまり「函数の函数」なので I は $\Omega(y_1, y_2)$ 上の汎函数(functional) という言い方もする．

I を最小にする函数を求めることを変分学という．

いま $y = y(x)$ が汎函数 I の最小値を与えると仮定しよう．このとき $\varepsilon > 0$ と $\eta(a) = \eta(b) = 0$ を満たす C^1 級函数 $\eta(x)$ に対し $Y(x) := y(x) + \varepsilon \eta(x)$ とおく．これを $y(x)$ の**変分** (variation) とよぶ．

$y(x)$ で I は最小なのだから $I(Y) = I(y(x) + \varepsilon \eta(x))$ を ε の函数と考えると $\varepsilon = 0$ での微分係数は 0, すなわち

$$\left. \frac{d}{d\varepsilon} \right|_{\varepsilon=0} I(Y) = 0$$

となるはずである．この微分計算を実行しよう．ここでは偏微分演算を用いる[1]．要点は 3 変数函数 $F(x, y, y')$ を x で偏微分するというのは y や y' を定数扱いして

1] 6.7 節でノイマン函数を導く際に偏微分演算を使ったが，同じ要領でよい．

x で微分する計算を実行するということである．また以下の計算では合成函数の微分を行うがそこでも偏微分の計算は「要点」通りに行えばよい[2]．

$$0 = \left.\frac{\mathrm{d}}{\mathrm{d}\varepsilon}\right|_{\varepsilon=0} I(Y)$$

$$= \int_a^b \left.\frac{\partial}{\partial \varepsilon}\right|_{\varepsilon=0} F(x, Y(x), Y'(x))\,\mathrm{d}x$$

$$= \int_a^b \left.\left(\frac{\partial F}{\partial Y}\frac{\mathrm{d}(y+\varepsilon\eta)}{\mathrm{d}\varepsilon} + \frac{\partial F}{\partial Y'}\frac{\mathrm{d}(y'+\varepsilon\eta')}{\mathrm{d}\varepsilon}\right)\right|_{\varepsilon=0} \mathrm{d}x$$

$$= \int_a^b \frac{\partial F}{\partial y}(x,y,y')\eta(x) + \frac{\partial F}{\partial y'}(x,y,y')\eta'(x)\,\mathrm{d}x$$

$$= \int_a^b \frac{\partial F}{\partial y}(x,y,y')\eta(x)\,\mathrm{d}x + \left[\frac{\partial F}{\partial y'}(x,y,y')\eta(x)\right]_a^b - \int_a^b \frac{\mathrm{d}}{\mathrm{d}x}\frac{\partial F}{\partial y'}(x,y,y')\,\eta(x)\,\mathrm{d}x$$

$$= \int_a^b \left(\frac{\partial F}{\partial y}(x,y,y') - \frac{\mathrm{d}}{\mathrm{d}x}\frac{\partial F}{\partial y'}(x,y,y')\right)\eta(x)\,\mathrm{d}x.$$

したがって変分法の基本補題により

$$\frac{\partial F}{\partial y}(x,y,y') - \frac{\mathrm{d}}{\mathrm{d}x}\frac{\partial F}{\partial y'}(x,y,y') = 0$$

が得られた．この偏微分方程式を**オイラー–ラグランジュ方程式**とよぶ[3]．

例 8.2 直線 数平面の 2 点 $A = (a, y_1)$ と $B = (b, y_2)$ を結ぶ曲線のうちで長さが最小となるものは何か．

解 $\Omega(y_1, y_2)$ 上の汎函数 (長さ汎函数)

$$I = \int_a^b F(x,y,y')\,\mathrm{d}x, \quad F(x,y,y') = \sqrt{1+(y')^2}$$

に対するオイラー–ラグランジュ方程式は

$$\frac{\partial F}{\partial y} = 0, \quad \frac{\partial F}{\partial y'} = \frac{y'}{\sqrt{1+(y')^2}}$$

---

[2] 厳密な説明を求める読者へ：命題 6.51 は 3 変数函数についても同様に成立するのでそれを $F(x, y, y')$ に適用する．

[3] 偏導函数を含むので**偏微分方程式**という．

より

$$\frac{d}{dx}\frac{y'}{\sqrt{1+(y')^2}} = 0, \quad すなわち \quad \frac{y'}{\sqrt{1+(y')^2}} = C \quad (定数).$$

したがって y' が定数. ということは y は x の 1 次式. 境界条件 $y(a) = y_1, y(b) = y_2$ より

$$y = \frac{y_2 - y_1}{b - a}x + \frac{by_1 - ay_2}{b - a}.$$

これは線分 AB に他ならない. □

8.2 最速降下線

質点が重力の作用の下で原点 O から落下して O を通る鉛直面内の他の点 (x_0, y_0) に至る時間を最小にするような軌道 (最速降下線) を求めてみよう. この問題はガリレオが考察したことが知られている. ただしガリレオは正しい軌道を求められなかった (円だと推測した).

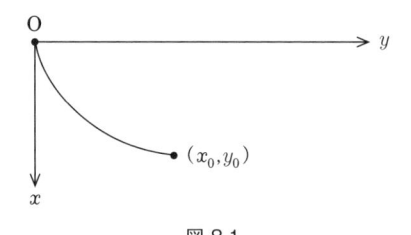

図 8.1

図 8.1 のように水平方向に y 軸, 鉛直下方に x 軸をとれば力学的エネルギー保存の法則より, 時刻 t における速度 $v = v(t)$ は

$$v^2 = \left(\frac{dx}{dt}\right)^2 + \left(\frac{dy}{dt}\right)^2 = 2gx$$

を満たす (g は重力加速度) ので

$$\frac{dx}{dt} = \sqrt{\frac{2gx}{1+(y')^2}}, \quad y' = \frac{dy}{dx}.$$

したがって

を得る.そこで

$$t = \int_0^{x_0} \sqrt{\frac{1+(y')^2}{2gx}}\, dx$$

$$F(x,y,y') = \sqrt{\frac{1+(y')^2}{2gx}}$$

と選びオイラー–ラグランジュ方程式を求めよう.

$$\frac{\partial F}{\partial y} = \frac{\partial}{\partial y}\sqrt{\frac{1+(y')^2}{2gx}} = 0,$$

$$\frac{\partial F}{\partial y'} = \frac{\partial}{\partial y'}\sqrt{\frac{1+(y')^2}{2gx}} = \frac{y'}{\sqrt{2gx(1+(y')^2)}}$$

よりオイラー–ラグランジュ方程式は

$$\frac{d}{dx}\frac{\partial F}{\partial y'} = 0$$

すなわち

$$\frac{y'}{\sqrt{2gx(1+(y')^2)}} = C.$$

$a = 1/(2C^2 g)$ とおくと

$$\frac{dy}{dx} = \sqrt{\frac{x}{2a-x}}$$

と書き直せる.$x = 2a\sin^2\theta = a(1-\cos(2\theta))$ とおくと

$$y = \int \sqrt{\frac{x}{2a-x}}\, dx = 4a\int \tan\theta\, \sin\theta\cos\theta\, d\theta$$
$$= 4a\int \sin^2\theta\, d\theta = a\int 2 - 2\cos(2\theta)\, d\theta = a\{(2\theta) - \sin(2\theta)\} + C.$$

$t=0$ で $x=y=\theta=0$ であるから

$$y = a\{(2\theta) - \sin(2\theta)\}.$$

以上より

$$(x,y) = (a\{1-\cos(2\theta)\}, a\{(2\theta) - \sin(2\theta)\})$$

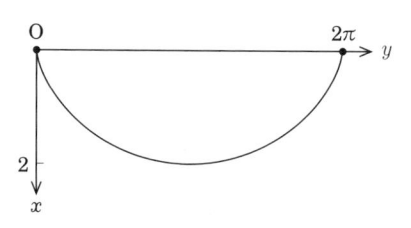

図 8.2 サイクロイド ($a = 1, 0 \leqq \theta \leqq \pi$)

を得た.これはサイクロイドとよばれる曲線である[4](図 8.2).

円周上の 1 点に印をつけて,直線上をすべったり止まったりせずに滑らかに回転させたときにその印をつけた点が描く軌跡である.

最速降下線がサイクロイドであることはヨハン・ベルヌーイ (J. Bernoulli, 1667–1748) によって証明された (1696).

COLUMN | サイクロイドをめぐって

ヨハン・ベルヌーイは 1696 年 6 月に最速降下線 (brachistochrone) を求める問題を提起し,解となる曲線は直線ではなく,「幾何学者たちによく知られた曲線である」という註をつけていた.ベルヌーイは何人かの数学者に書簡でこの問題を送った.ニュートンは 1697 年 1 月 27 日 16 時過ぎにベルヌーイからの書簡を(人づてで)受け取り翌朝には解いてしまったという.サイクロイドは厳密に等時性が成り立つ振り子が描く曲線 (等時曲線, tautochrone) でもある.この事実はクリスチャン・ホイヘンス (C. Huygens, 1629–1695) により示されていた.サイクロイド振り子の等時性は振り子時計(とくに航海用)の発明へとつながる科学史上の重大発見である.微分積分学の黎明期にはフェルマー (P. Fermat, 1601–1665) による「サイクロイドの接線決定法」という研究成果がある.

---

[4] 最速性については,寺沢寛一編『自然科学者のための数学概論 (応用編)』,岩波書店 (1960), p.407 参照.

8.3 変分原理

この本の第1章 (プロローグ) は「直線上の運動」で始まったことを思い出そう.

一直線上を運動する質量 m の物体に力 $f(x)$ が働いているとき，この運動を表す運動方程式は $m\ddot{x}(t) = f(x(t))$ で与えられた. この運動において $K(t) = m\dot{x}(t)^2/2$ を**運動エネルギー**とよぶ. また $x_0 = x(0)$ に対し

$$U(x) = -\int_{x_0}^{x} f(u)\,du$$

で定まる函数 $U(x)$ をこの運動の**位置エネルギー** (または**ポテンシャルエネルギー**) とよぶ. 位置エネルギーと運動エネルギーの和 $E(t) = U(x(t)) + K(t)$ を質点の運動の**全エネルギー**とよぶ.

問題 8.3 E は $x(t)$ に沿って定数であること，すなわち $\dot{E}(t) = 0$ を確かめよ. この事実を**力学的エネルギー保存の法則**という.

いま1次のジェット空間 $\mathcal{J}^{(1)} = \left\{(t,x,\dot{x}) \,\middle|\, \dot{x} = \dfrac{dx}{dt}\right\}$ 上の函数 L を

$$L(t,x,\dot{x}) = K(x) - U(x) = \frac{m}{2}\dot{x}^2 - U(x)$$

で与えよう. 汎函数

$$\mathcal{L} = \int_a^b L(t,x,\dot{x})dt$$

に関するオイラー–ラグランジュ方程式は

$$\frac{\partial L}{\partial x} = f(x(t)), \quad \frac{\partial L}{\partial \dot{x}} = m\dot{x}(t)$$

であるから運動方程式 $m\ddot{x}(t) = f(x(t))$ と一致することがわかった. いまは直線上の運動しか考えなかったが，より一般に保存力による質点の運動方程式はオイラー–ラグンランジュ方程式に書き換えられる. この事実は何を意味するのだろうか. 運動は汎函数 $\mathcal{L}$ を最小化するように行われるということのようだが，これは単なる偶然なのだろうか.

運動方程式以外にも「最小」が出てくる現象が知られている. たとえば

(1) アサガオはつる巻き線に沿って成長する．つる巻き線は円柱面の2点を結ぶ最短線 (長さが最小である曲線) である．
(2) シャボン玉の形は「同一体積をもつ閉じた曲面の中で表面積が最小の形」である球面．

など[5]．すると「なぜ自然は最小のものを選ぶのか」という疑問が浮かぶ．ここで発想を変えて「自然界は最小を好む」，すなわち，自然法則は「… が最小」という文章で記述できると考えることにしよう．この考え方を**変分原理**とよぶ．そして

ハミルトンの原理 質点の運動は汎函数 $\mathcal{L}$ を最小化するように行われる

と解釈する[6]．

注意 運動方程式をわざわざオイラー–ラグランジュ方程式に書きなおす必要はあるのだろうかという疑問をもった読者もいることと思う．専門的になりすぎるので詳しい説明は省くが，運動方程式を「オイラー–ラグランジュ方程式」より対称性の高い方式に直した「ハミルトン方程式」に書き換えておくことはとても大事である．この書き換えによってニュートンの「力学」から「量子力学」への移行が可能になるのである．

人間が自然界と対話する一つの方法は，自然現象を変分原理により捉え，変分原理を表現する**微分方程式の解**を調べることにある．たとえばアインシュタイン (A. Einstein, 1879–1955) による一般相対性理論はアインシュタイン–ヒルベルト汎函数に対する変分原理に従うし，ゲージ理論とよばれる理論はヤン–ミルズ汎函数に対する変分原理から導かれる[7]．数学においても理論物理学においても変分原理は重要な視点である．

微分積分学を学ぶ理由・目的の一つは変分原理を介して自然界の謎を解き明かすことである．

微分方程式は自然法則を語るコトバである．

---

[5] 拙著『どこにでも居る幾何』，日本評論社 (2010) を参照．
[6] 変分原理に基づいてニュートン力学を書き直したものを**解析力学**とよぶ．量子力学を学ぶ前に解析力学を学ぶ必要がある．とはいえ変分原理で物理現象すべてが説明できるというわけではない．
[7] 楊振寧 (1922–), Robert Mills (1927–1999), 内山龍雄 (1916–1990).

付録A
ベータ函数とガンマ函数

理工学のさまざまな分野に登場するベータ函数とガンマ函数について手短かな説明をしておく．

A.1 ベータ函数

$p \geqq 1$, $q \geqq 1$ を定数とする．函数 $\beta(x) = x^{p-1}(1-x)^{q-1}$ は $[0,1]$ で連続な函数なので定積分 $\displaystyle\int_0^1 \beta(x)\,dx$ が存在する．$0 < p < 1$ のとき $\beta(x)$ は $x = 0$ で不連続，$0 < q < 1$ のとき $x = 1$ で不連続になる．そこで $0 < p < 1$ のときに広義積分

$$\lim_{\varepsilon \to +0} \int_{0+\varepsilon}^1 \beta(x)\,dx, \tag{A.1}$$

$0 < q < 1$ のとき広義積分

$$\lim_{\varepsilon \to +0} \int_0^{1-\varepsilon} \beta(x)\,dx \tag{A.2}$$

が存在するかどうかを調べよう (広義積分については 0.7 節参照)．

次の定理を用いる．

定理 A.1 函数 $f(x)$ が $[a,b)$ で連続で，$[a,b)$ 内の b の近く (近傍) で $f(x)(b-x)^\lambda$ が有界となるような $\lambda < 1$ が存在すれば，広義積分 $\displaystyle\int_a^b f(x)\,dx$ が存在する．

注意 $f(x)$ が $(a,b]$ で連続のとき，$(b-x)$ を $(x-a)$ でおきかえた定理が成立する．

$0 < p < 1$ のとき $\beta(x)$ は $x = 0$ で不連続だが
$$\lim_{x \to +0} \beta(x) x^{1-p} = \lim_{x \to +0} (1-x)^{q-1} = 1$$
なので $x = 0$ の近く (近傍) で $\beta(x) x^{1-p}$ は有界なので極限 (A.1) は存在する.

同様に $0 < q < 1$ のとき $\beta(x)$ は $x = 1$ で不連続だが
$$\lim_{x \to 1-0} \beta(x)(1-x)^{1-q} = \lim_{x \to 1-0} x^{p-1} = 1$$
なので $x = 1$ の近く (近傍) で $\beta(x)(1-x)^{1-q}$ は有界であるから極限 (A.2) は存在する. 以上よりどの $p > 0, q > 0$ についても $\int_0^1 \beta(x)\,\mathrm{d}x$ が存在する.

以上を整理しておこう.

定理 A.2 実数 $p > 0, q > 0$ に対し広義積分
$$B(p,q) = \int_0^1 x^{p-1}(1-x)^{q-1}\,\mathrm{d}x \tag{A.3}$$
は収束する. (p,q) を座標とする数平面 $\mathbb{R}^2$ 内の領域 $p > 0, q > 0$ で定義された関数 $B(p,q)$ を**ベータ関数** (Beta function) とよぶ (B はベータ β の大文字).

例題 A.3 $p > 0, q > 0$ とする. $B(p,q)$ について次の問いに答えよ.
(1) $B(p,1)$ を求めよ.
(2) $q > 1$ のとき, $B(p,q)$ を $B(p+1, q-1)$ を用いて表せ.
(3) p, q が自然数のとき, $B(p,q)$ を p と q を用いて表せ.

[大阪工業大・東京電機大等]

解 (1) $B(p,q)$ の定義から
$$B(p,1) = \int_0^1 x^{p-1}\,\mathrm{d}x = \left[\frac{1}{p}x^p\right]_0^1 = \frac{1}{p}.$$

(2) 部分積分を行う.
$$B(p,q) = \int_0^1 \left(\frac{1}{p}x^p\right)'(1-x)^{q-1}\,\mathrm{d}x$$
$$= \left[\frac{x^p}{p}(1-x)^{q-1}\right]_0^1 - \int_0^1 \frac{x^p}{p}\left\{(1-x)^{q-1}\right\}'\,\mathrm{d}x$$

$$= \frac{q-1}{p}\int_0^1 x^p(1-x)^{q-2}\,\mathrm{d}x = \frac{q-1}{p}B(p+1, q-1).$$

(3) まず $p > 0, q > 1$ が実数の場合に $B(p,q)$ を求めておく。関係式 $B(p,q) = \frac{q-1}{p}B(p+1, q-1)$ を繰り返し使うと

$$B(p,q) = \frac{q-1}{p}B(p+1, q-1) = \frac{q-1}{p}\frac{q-2}{p+1}B(p+2, q-2)$$
$$= \cdots = \frac{(q-1)(q-2)\cdots 2\cdot 1}{p(p+1)(p+2)\cdots(p+q-2)}B(p+q-1, 1)$$
$$= \frac{(q-1)(q-2)\cdots 2\cdot 1}{p(p+1)(p+2)\cdots(p+q-2)(p+q-1)}$$

を得る。(1) より $B(p+q-1, 1) = 1/(p+q-1)$ であるから

$$B(p,q) = \frac{(q-1)(q-2)\cdots 2\cdot 1}{p(p+1)(p+2)\cdots(p+q-2)(p+q-1)}, \quad p > 0, q > 1 \tag{A.4}$$

を得る。この式は $q = 1$ でも成立している。

ここで p, q を自然数とすると

$$B(p,q) = \frac{(q-1)(q-2)\cdots 2\cdot 1}{p(p+1)(p+2)\cdots(p+q-2)(p+q-1)} = \frac{(p-1)!(q-1)!}{(p+q-1)!}. \qquad \square$$

ベータ函数の簡単な応用として次の公式を証明しておく。

命題 A.4 自然数 m, n に対し

$$\int_a^b (x-a)^m(b-x)^n\,\mathrm{d}x = (b-a)^{m+n+1}\frac{m!\,n!}{(m+n+1)!}. \tag{A.5}$$

証明 $\int_a^b (x-a)^m(b-x)^n\,\mathrm{d}x$ において $x = a + (b-a)s$ とおけば

$$\int_a^b (x-a)^m(b-x)^n\,\mathrm{d}x = (b-a)^{m+n+1}\int_0^1 s^m(1-s)^n\,\mathrm{d}s$$
$$= (b-a)^{m+n+1}B(m+1, n+1)$$
$$= (b-a)^{m+n+1}\frac{m!\,n!}{(m+n+1)!} \qquad \blacksquare$$

$m = n = 1$ の場合は

$$\int_a^b (x-a)(b-x)\mathrm{d}x = \frac{1}{6}(b-a)^3$$

となり高校数学でお馴染みの公式と一致する．

問題 A.5 次の問いに答えよ．

(1) $\displaystyle\int_0^2 x^\ell (2-x)^m \,\mathrm{d}x$ を求めよ． [茨城県教員]

(2) $\displaystyle\int_0^{\frac{\pi}{2}} (\cos x)^{\frac{5}{3}} \sin^7 x \,\mathrm{d}x$ を求めよ． [山梨大]

A.2 ガンマ函数

ガンマ函数は第 6.7 節でベッセル函数を定義する際に用いる．まず次の問題を解こう．

問題 A.6

(1) n を正の整数とする．$t \geqq 0$ のとき，不等式 $e^t > \dfrac{t^n}{n!}$ が成り立つことを数学的帰納法で示せ．

(2) 極限
$$I_m = \lim_{t\to\infty} \int_0^t e^{-x} x^m \,\mathrm{d}x \quad (m = 0, 1, 2, \cdots)$$
を求めよ．

[東北大]

この問題を一般化して考察する (証明は微分積分の教科書を参照のこと)[1]．

定理 A.7 広義積分

$$\Gamma(x) = \int_0^{+\infty} e^{-t}\, t^{x-1}\, \mathrm{d}t = \lim_{M\to\infty} \int_0^M e^{-t}\, t^{x-1}\, \mathrm{d}t$$

は $x > 0$ において収束する．したがって対応 $x \longmapsto \Gamma(x)$ は区間 $(0, +\infty)$ 上の函数を定める．この函数 $\Gamma(x)$ を**ガンマ函数**とよぶ．

---

[1] たとえば，本シリーズ『微分積分』，12.4 節．

問題 A.6 で扱った極限は $\Gamma(m+1)$ であることに注意しよう.

定理 A.8 ガンマ関数は次の性質をもつ.
(1) $\Gamma(x+1) = x\Gamma(x)$, $\Gamma(1) = 1$,
(2) 自然数 n に対し $\Gamma(n+1) = n!$.

証明 $\Gamma(1) = 1$ であることがすぐ確かめられる. 部分積分により

$$\int_0^M e^{-t} t^x \, dt = \int_0^M (-e^{-t})' t^x \, dt = \left[(-e^{-t})' t^x\right]_0^M + x \int_0^M e^{-t} t^{x-1} \, dt.$$

この式で $M \to \infty$ とすれば $\Gamma(x+1) = x\Gamma(x)$ を得る. $n \in \mathbb{N}$ に対し, $\Gamma(n+1) = n\Gamma(n) = n(n-1)\Gamma(n-1)$ より $\Gamma(n+1) = n!$ である. ∎

ガンマ関数とベータ関数の関係式を挙げておこう.

$$B(x,y) = \Gamma(x)\Gamma(y)/\Gamma(x+y), \quad x, y > 0.$$

自然数 n に対し $\Gamma(n) = (n+1)!$ であるから, ガンマ関数は離散的な関数 $f(n) = (n+1)!$ を半直線 $x > 0$ に拡張したものになっている. この事実を $\Gamma(x)$ は $f(n) = (n+1)!$ を**補間する関数** (interpolation function) であると言い表す.

広義積分を習った読者向けに補充問題を出しておく.

問題 A.9 次の公式を証明せよ. (n は自然数)

$$\Gamma\left(\frac{1}{2}\right) = \sqrt{\pi}, \quad \Gamma\left(n + \frac{1}{2}\right) = \frac{(2n-1)!!}{2^n}\sqrt{\pi}$$

ガンマ関数は $x > 0$ に対して定義されていたが, 区間 $-1 < x < 0$ に拡張することができる. 実際 $\Gamma(x+1) = x\Gamma(x)$ を用いて $\Gamma(x) = \Gamma(x+1)/x$ と定めればよい. 続けて $-2 < x < -1$ においても $\Gamma(x+2) = (x+1)\Gamma(x+1) = (x+1)x\Gamma(x)$ を用いて $\Gamma(x) = \Gamma(x+2)/\{x(x+1)\}$ と定めればよい. 以下この操作の繰り返しで

$$\Gamma(x) = \frac{\Gamma(x+n)}{x(x+1)\cdots(x+n-1)}, \quad -n < x < -n+1$$

と定めることができる. したがって $\Gamma(x)$ は $\{x \in \mathbb{R} \mid x \neq 0, -1, -2, \cdots\}$ に拡張された. ベッセル関数を扱う際に $1/\Gamma(-n)$ を考える必要がある.

$$\frac{1}{\Gamma(-n)} = \frac{-n}{\Gamma(-n+1)} = \frac{(-n)(-n+1)}{\Gamma(-n+2)}$$
$$= \cdots = \frac{(-n)(-n+1)\cdots(-n+n)}{\Gamma(-n+n+1)} = 0.$$

したがって

$$\frac{1}{\Gamma(-n)} = 0, \quad n \in \mathbb{N} \tag{A.6}$$

が得られた.

COLUMN | **球の体積**

半径 r の閉円盤 $\mathbb{B}^2(r) := \{(x_1, x_2) \in \mathbb{R}^2 \mid x_1^2 + x_2^2 \leqq r^2\}$ の面積 $V_2(r)$ は πr^2, 半径 r の球体 $\mathbb{B}^3(r) := \{(x_1, x_2, x_3) \in \mathbb{R}^3 \mid x_1^2 + x_2^2 + x_3^2 \leqq r^2\}$ の体積 $V_3(r)$ は $\frac{4}{3}\pi r^3$ である. n 次元球体 $\mathbb{B}^n(r)$ の $(n$ 次元$)$ 体積 $V_n(r)$ はどのような式で与えられるだろうか. 実はガンマ函数を用いる次の公式が知られている.

$$V_n(r) = \frac{1}{\Gamma\left(\frac{n}{2}+1\right)} \pi^{\frac{n}{2}} r^n.$$

これは極座標を用いた累次積分で確かめられる.

付録 B
ラプラス変換

第 5 章で解説した微分演算子を用いる解法は演算子法とよばれる理論に発展している．ここではヘヴィサイド (O. Heaviside, 1850–1925) のアイディアを手短かに説明し，ラプラス変換とよばれる方法を紹介する．

B.1 ヘヴィサイドのアイディア

$(D-1)y = x^2$ を例にとって説明しよう．

$$y = \frac{1}{D-1}x^2 = \frac{1}{D\left(1-\frac{1}{D}\right)}x^2 = \frac{1}{D}\left(\frac{1}{1-\frac{1}{D}}\right)x^2$$

と考えると

$$y = \frac{1}{D}\left\{1 + \frac{1}{D} + \left(\frac{1}{D}\right)^2 + \cdots\right\}x^2 = \left\{\frac{1}{D} + \left(\frac{1}{D}\right)^2 + \cdots\right\}x^2$$

$$= \frac{1}{3}x^3 + \frac{1}{3\cdot 4}x^4 + \frac{1}{3\cdot 4\cdot 5}x^5 + \cdots$$

この冪級数が収束するかどうか気にせず微分してみよう．

$$Dy = D\left(\frac{1}{3}x^3 + \frac{1}{3\cdot 4}x^4 + \frac{1}{3\cdot 4\cdot 5}x^5 + \cdots\right)$$

$$= x^2 + \frac{1}{3}x^3 + \frac{1}{3\cdot 4}x^4 + \cdots$$

$$= x^2 + y$$

なので $(D-1)y = x^2$ を満たしている．$\dfrac{1}{D-1}x^2$ の冪級数をよくみると

$$\frac{y}{2} = \frac{x^3}{3!} + \frac{x^4}{4!} + \cdots = \sum_{n=3}^{\infty} \frac{x^n}{n!} = e^x - 1 - x - \frac{x^2}{2}$$

だから

$$y = 2e^x - x^2 - 2x - 2$$

を得た．$(D-1)y = 0$ の基本解は $\{e^x, xe^x\}$ であることに注意．また $y_0 = -x^2 - x - 2$ とおくと y_0 は特解である．

$$\frac{1}{D-1}x^2 = \left(\cdots + \frac{1}{D^n} + \cdots + \frac{1}{D^2} + \frac{1}{D}\right)x^2$$

とは別に例題 5.18 で説明したように

$$\frac{1}{D-1} = -\frac{1}{1-D}$$

とかきかえて

$$y = -\frac{1}{1-D}x^2 = -(1 + D + D^2 + \cdots)x^2 = -x^2 - 2x - 2$$

で特解 y_0 を求めることもできる．

$(D-1)y = e^{2x}$ のときにも試してみよう．

$$y = \frac{1}{D-1}e^{2x} = \left(\frac{1}{D} + \frac{1}{D^2} + \cdots\right)e^{2x}$$
$$= \frac{1}{2}e^{2x} + \frac{1}{2^2}e^{2x} + \cdots$$
$$= \left(\frac{1}{2} + \frac{1}{2^2} + \cdots\right)e^{2x} = \sum_{n=1}^{\infty}\frac{1}{2^n}e^{2x} = e^{2x}.$$

$y = e^{2x}$ は確かに特解．ところが $y = -\{1/(1-D)\}e^{2x}$ と考えて計算すると

$$y = -\frac{1}{1-D}e^{2x} = -(1 + D + D^2 + \cdots)e^{2x}$$
$$= -(e^{2x} + 2e^{2x} + 2^2 e^{2x} + \cdots) = -\sum_{n=0}^{\infty} 2^n e^{2x}$$

となり収束しない．例題 5.18 で使った関係式

$$\frac{1}{1-D} = 1 + D + D^2 + \cdots + D^n + \cdots$$

は正しい結果を導かないこともあることがわかった．

一方，$(D-1)y = e^{x/2}$ の場合は

$$-\frac{1}{1-D}e^{x/2} = -\sum_{n=0}^{\infty}\frac{1}{2^n}\,e^{x/2} = -2e^{x/2}$$

と特殊解がきちんと求められるが

$$\left(\frac{1}{D}+\frac{1}{D^2}+\cdots+\right)e^{x/2} = \sum_{n=0}^{\infty} 2^n\,e^{x/2}$$

となり収束しない.

$(D-1)y = e^x$ の場合は

$$\left(\frac{1}{D}+\frac{1}{D^2}+\cdots+\right)e^x = (\sum_{n=0}^{\infty} 1)\,e^{x/2}$$

となり収束しない.

$$-\frac{1}{1-D}e^x = -(\sum_{n=0}^{\infty} 1)\,e^x$$

となりこちらも収束しない.

D の多項式を「D の無限級数」に拡張するにはどうしたらよいだろうか. 不定積分 $1/D$ を積分作用素

$$D^{-1} = \int_0^x \mathrm{d}x$$

でおきかえよう.

$$(D^{-1}f)(x) = \int_0^x f(x)\,\mathrm{d}x.$$
$$D(D^{-1}f)(x) = \frac{\mathrm{d}}{\mathrm{d}x}\int_0^x f(x)\,\mathrm{d}x = f(x).$$

ここで D^{-2} を

$$(D^{-2}f)(x) := (D^{-1}(D^{-1}f))(x)$$

で定めると

$$\begin{aligned}(D^{-2}f)(x) &= \int_0^x\left(\int_0^s f(t)\,\mathrm{d}t\right)\mathrm{d}s = \int_0^x\left(\frac{\mathrm{d}}{\mathrm{d}s}(s-x)\int_0^s f(t)\,\mathrm{d}t\right)\mathrm{d}s\\&= \left[(s-x)\int_0^s f(t)\,\mathrm{d}t\right]_0^x - \int_0^x (s-x)\frac{\mathrm{d}}{\mathrm{d}s}\int_0^s f(t)\mathrm{d}t\,\mathrm{d}s\\&= -\int_0^x (s-x)f(s)\mathrm{d}s = \int_0^x (x-s)f(s)\mathrm{d}s.\end{aligned}$$

以下，数学的帰納法で
$$(D^{-n}f)(x) = \int_0^x \frac{(x-t)^{n-1}}{(n-1)!} f(t)\,dt$$
を得る．すると
$$\frac{1}{D-1}f(x) = (D^{-1}f)(x) + (D^{-2}f)(x) + \cdots + (D^{-n}f)(x) + \cdots$$
と解釈しなおすと
$$\frac{1}{D-1}f(x) = \sum_{n=1}^\infty \int_0^x \frac{(x-t)^{n-1}}{(n-1)!} f(t)\,dt = \sum_{n=0}^\infty \int_0^x \frac{(x-t)^n}{n!} f(t)\,dt$$
と書き直せる．項別積分ができるためには
$$\sum_{n=0}^\infty \frac{(x-t)^n}{n!} f(t)$$
が絶対かつ一様収束すればよい．この冪級数が一様収束すれば $e^{x-t}f(t)$ と一致するはずだから
$$\frac{1}{D-1}f(x) = \sum_{n=1}^\infty (D^{-n}f)(x) = \int_0^x e^{x-t}f(t)\,dt = e^x \int_0^x e^{-t}f(t)\,dt$$
となるはずである．この等式は (5.7) で $\alpha=1, C=0$ と選んだものと一致していることに注意しよう．ということは $1/(D-1) = \sum_{n=1}^\infty D^{-n}$ という解釈は妥当であることがいえた．実際 ((5.7) で確認ずみのことであるが)
$$y_0 = \frac{1}{D-1}e^{2x} = \int_0^x e^{x-t}e^{2t}\,dt = \int_0^x e^{x+t}\,dt = e^x(e^x - 1) = e^{2x} - e^x.$$
y_0 は特殊解である．

専門的な注意 区間 $I = [0,a]$ 上の連続関数の全体 $C^0[0,a]$ において $\|f\| = \max_{x \in I} |f(x)|$ と定める．
$$|(D^{-1}f)(x)| = \left|\int_0^x f(t)\,dt\right| \le \int_0^x |f(t)|\,dt$$
$$\le \int_0^x \|f\|\,dt = \|f\|x \le \|f\|a.$$
したがって $\|D^{-1}f\| \le \|f\|a$．D^{-1} の作用素ノルム
$$\|D^{-1}\| = \inf \frac{\|D^{-1}f\|}{\|f\|}$$

は $\|D^{-1}\| = a$ で与えられる．したがって微分演算子の無限級数 $\sum_{n=0}^{\infty} a_n D^{-n}$ については $\|\sum_{n=0}^{\infty} a_n D^{-n}\| \leq \sum_{n=0}^{\infty} \frac{|a_n|}{n!} a^n$ を得ることより無限級数 $\sum_{n=0}^{\infty} \frac{|a_n|}{n!} a^n$ が収束すれば $\sum_{n=0}^{\infty} a_n D^{-n}$ も確定することがわかる．

B.2 ラプラス変換による微分方程式の解法

$D-1$ を $D-s$ に修正すると，$f \in C^0[0, \infty]$ に対し

$$\int_0^x e^{-st} f(t)\,\mathrm{d}t = \frac{1}{e^{sx}} \frac{1}{D-s} f(x)$$

という等式が導かれる．これは既知の公式 (5.7) で $C=0, \alpha=s$ としたものである．そこで

$$\hat{f}(s) := \int_0^{+\infty} e^{-st} f(t)\,\mathrm{d}t$$

を考える．この広義積分が存在するとき，対応 $f \longmapsto \hat{f}$ を $\mathcal{L}$ で表記しラプラス変換とよぶ．

$$\mathcal{L}[f](s) := \int_0^{+\infty} e^{-st} f(t)\,\mathrm{d}t$$

とも表す．

例 B.1 $f(t) = 1$ のとき

$$\mathcal{L}[1](s) = \int_0^{+\infty} e^{-st}\,\mathrm{d}t = \lim_{t \to \infty} \left[-\frac{1}{s} e^{-st} \right]_0^t = \frac{1}{s}.$$

例 B.2 $f(t) = e^{\alpha t}$ のとき

$$\mathcal{L}[e^{\alpha t}](s) = \int_0^{+\infty} e^{-st} e^{\alpha t}\,\mathrm{d}t = \int_0^{+\infty} e^{(\alpha-s)t}\,\mathrm{d}t = \frac{1}{s-\alpha}.$$

t の函数 $y = y(t)$ の導函数 $y'(t)$ のラプラス変換を計算してみよう[1]．

1] 時刻 t を独立変数にしているが，習慣に従いドットでなくプライム ($\prime$) を使っている．

$$\mathcal{L}[y'](s) = \int_0^{+\infty} e^{-st} y'(t)\,\mathrm{d}t$$
$$= \lim_{t\to\infty}\left\{ \left[y(t)e^{-st}\right]_0^t - \int_0^t y(t)(e^{-st})'\,\mathrm{d}t \right\}$$
$$= \lim_{t\to\infty}\left\{ y(t)e^{-st} - y(0) + s\int_0^t e^{-st}y(t)\,\mathrm{d}t \right\}$$
$$= \lim_{t\to\infty}\frac{y(t)}{e^{st}} - y(0) + s\mathcal{L}[y](s).$$

ここで $\lim_{t\to\infty}\frac{y(t)}{e^{st}} = 0$ を仮定すれば $\mathcal{L}[y'](s) = s\mathcal{L}[y](s) - y(0)$ なので

$$\mathcal{L}[y''](s) = s^2\mathcal{L}[y](s) - sy(0) - y'(0)$$

が成り立つ．またラプラス変換の逆変換 $\mathcal{L}^{-1}$ を定めることもできる．まず $\mathcal{L}[1](s) = 1/s$ より

$$\mathcal{L}^{-1}[1/s] = 1$$

と定める．$\mathcal{L}[e^{\alpha t}](s) = 1/(s-\alpha)$ より

$$\mathcal{L}^{-1}[1/(s-\alpha)] = e^{\alpha s}$$

と定める．さらに

$$\mathcal{L}^{-1}[s\mathcal{L}[y] - y(0)](s) = y',$$
$$\mathcal{L}^{-1}[s^2\mathcal{L}[y] - sy(0) - y'(0)] = y''$$

を得る．これらの式を使って定数係数の 2 階線型常微分方程式を解いてみよう．

例題 B.3 線型常微分方程式 $y''(t) - y'(t) - 2y(t) = e^t$ を初期条件 $y(0) = y'(0) = 0$ の下で解け．

解
$$\mathcal{L}[y'' - y' - 2y] = \mathcal{L}[e^t] = \frac{1}{s-1},$$
$$\mathcal{L}[y''] - \mathcal{L}[y'] - 2\mathcal{L}[y] = \frac{1}{s-1},$$
$$s^2\mathcal{L}[y] - sy(0) - y'(0) - (s\mathcal{L}[y] - y(0)) - 2\mathcal{L}[y] = \frac{1}{s-1}$$

と計算されたので $(s^2 - s - 2)\mathcal{L}[y] = \dfrac{1}{s-1}$. したがって

$$\mathcal{L}[y](s) = \dfrac{1}{(s-1)(s^2-s-2)} = \dfrac{1}{6}\dfrac{1}{s+1} - \dfrac{1}{2}\dfrac{1}{s-1} + \dfrac{1}{3}\dfrac{1}{s-2}.$$

この両辺に $\mathcal{L}^{-1}$ を施すと

$$y = \dfrac{1}{6}\mathcal{L}^{-1}\left[\dfrac{1}{s+1}\right] - \dfrac{1}{2}\mathcal{L}^{-1}\left[\dfrac{1}{s-1}\right] + \dfrac{1}{3}\mathcal{L}^{-1}\left[\dfrac{1}{s-2}\right]$$
$$= \dfrac{1}{6}e^{-t} - \dfrac{1}{2}e^{t} + \dfrac{1}{3}e^{2t}$$

と求められる. □

$\mathcal{L}[y](s)$ という記法は煩雑なので $y(t)$ のラプラス変換を $Y(s)$ と書くという小文字・大文字対応がよく使われる.

表 B.1 関数とそのラプラス変換

関数	ラプラス変換
$\theta(t)$	$1/s$
t^n $(n \geqq 0)$	$n!/s^{n+1}$
$t^n e^{\alpha t}$ $(s > \alpha,\, n \geqq 0)$	$n!/(s-\alpha)^{n+1}$
$\cos(bt)$	$s/(s^2+b^2)$
$\sin(bt)$	$b/(s^2+b^2)$
$e^{at}\cos(bt)$ $(s > a)$	$(s-a)/\{(s-a)^2+b^2\}$
$e^{at}\sin(bt)$ $(s > a)$	$b/\{(s-a)^2+b^2\}$

ここで $\theta(t)$ はヘヴィサイド関数とよばれるもので

$$\theta(t) = \begin{cases} 1 & (t \geqq 0) \\ 0 & (t < 0) \end{cases}$$

で定義される.

問題 B.4　ラプラス変換を用いて次の微分方程式を解け.
(1) $y''(t) - 7y'(t) + 12y(t) = e^t$, $(y(0) = y'(0) = 0)$.
(2) $y_1'(t) = y_1(t) - y_2(t) + \sin t$, $y_2'(t) = y_1(t) + y_2(t) + 2\sin t$, $(y_1(0) = y_2(0) = 0)$.

付録C
解の存在と一意性

 例 1.7 および例 2.16 で扱った常微分方程式 $y' = 3y^{2/3}$ を再考する．この常微分方程式の一般解は $y = (x+c)^3$ で与えられるが特異解 $y = 0$ をもつ．初期条件 $y(0) = 0$ を課すと $y = x^3$ と $y = 0$ の二つの解が見つかる．一方，線型常微分方程式は特異解をもたなかった．

 与えられた初期条件に対し解がただ一つだけに決まるためにはどのような条件が求められるのだろうか．

 ここでは証明抜きで次の基本的な定理を述べておく．

定理 C.1 r, R を正の定数とする．数平面内の長方形閉領域
$$\overline{\mathcal{R}} = \{(x,y) \in \mathbb{R}^2 \mid |x-a| \leqq r,\ |y-b| \leqq R\}$$
上の連続函数 $f(x,y)$ が次の条件を満たすとする (**リプシッツ条件**).

 ある正の定数 L が存在し，
$$|f(x,y_1) - f(x,y_2)| \leqq L|y_1 - y_2|$$
が成り立つ．

 このとき常微分方程式 $y' = f(x,y)$ は与えられた初期条件 $y(a) = b$ を満たす C^1 級の解 $y = y(x)$ を $[a-\tilde{r}, a+\tilde{r}]$ 上でもつ．ここで $\tilde{r} = \min(r, R/M)$, $M = \max\{|f(x,y)| \mid (x,y) \in \overline{\mathcal{R}}\}$. しかもその解はただ一つである (**解の一意性**).

 たとえば $y' = y^a$ を考えてみよう．ただし a は $0 < a < 1$ を満たす定数である (たとえば $a = 2/3$). $f(x,y) = y^a$ とし y_1, y_2 (ただし $y_1 < y_2$) をとると平均値の定理より

$$\frac{f(x,y_2)-f(x,y_1)}{y_2-y_1}=\frac{\partial f}{\partial y}(x,y_0)$$

を満たす $y_0 \in (y_1, y_2)$ が存在する．つまり

$$\frac{y_2^a-y_1^a}{y_2-y_1}=ay_0^{a-1}$$

したがって

$$\frac{|y_2^a-y_1^a|}{|y_2-y_1|}=\frac{a}{|y_0^{1-a}|}$$

において $y_1, y_2 \to 0$ とすると右辺 $\to \infty$ となるからこの函数 $f(x,y)=y^a$ はリプシッツ条件を満たさない．

問題の解答

第0章の解答

問題 0.7 たとえば $(\sinh x)' = \dfrac{1}{2}(e^x - e^{-x})' = \dfrac{1}{2}(e^x + e^{-x}) = \cosh x$.

問題 0.8 $(\sin^{-1} x)' = 1/\sqrt{1-x^2}$ の証明をまねればよい.

第1章の解答

問題 1.6 (1) $y'' = 2$. (2) $y'' = 0$. (3) $yy' + x = 0$.

第2章の解答

問題 2.11 (1) $x^2 + y^2 = C (C \geqq 0)$. (2) $\sqrt{y} = x^2/4 + C$. (3) $\tan x \tan y = C$.

問題 2.12 時刻 t におけるコーヒーの温度を $x(t)$ とすると温度差 $\theta(t) = x(t) - 10$ は $\dfrac{d\theta}{dt}(t) = -k\theta(t)$ に従うから $\theta(t) = Ae^{-kt}$. したがって $x(t) = 10 + Ae^{-kt}$. $x(0) = 90$, $x(3) = 70$ より $A = 80$. $x(t) = 55$ となるのは $t = 6$ 分後.

問題 2.13 $\left(\log\left|\log\dfrac{x}{k}\right|\right)' = \dfrac{1}{x}\dfrac{1}{\log(x/k)}$ に注意すれば $x(t) = k\exp(\exp(-at + C))$. 初期条件より $C = \log\log(x_0/k)$. したがって $x(t) = k(x_0/k)^{e^{-at}}$. $\lim\limits_{t \to \infty} x(t) = k$ に注意.

問題 2.14 $x_A(t) = \dfrac{ax_A(0)}{x_A(0) - x_B(0)e^{-akt}}$.

問題 2.15 化学反応により C が x だけ生成されれば A, B の濃度は $N - x$ になる. 単位時間あたりの反応数は A の濃度と B の濃度の積に比例するので $k(N-x)^2$ である. したがって解くべき常微分方程式は $\dfrac{dx}{dt}(t) = k(N - x(t))^2$. これの一般解は $x(t) = N - \dfrac{1}{kt + C}$. 初期条件 $x(0) = 0$ より $x(t) = \dfrac{N^2 kt}{1 + Nkt}$. $\lim\limits_{t \to \infty} x(t) = N$ に注意.

問題 2.18 (1) $x = y = 0$ を代入して $f(0) = f(0)^2$. したがって $f(0) = 1$.

(2) $f'(x) = \lim\limits_{h \to 0} \dfrac{f(x+h) - f(x)}{h} = \lim\limits_{h \to 0} \dfrac{f(x)(f(h) - 1)}{h}$
$= f(x) \lim\limits_{h \to 0} \dfrac{f(h) - f(0)}{h} = f(x)f'(0) = af(x)$.

(3) $\dfrac{df}{dx}(x) = af(x)$ および $f(0) = 1$ より $f(x) = e^{ax}$.

問題 2.21 (1) $\{3/u - 2u/(u^2+1)\}u' = -1/x$ を積分して $x^2 + y^2 = Ay^3$ $(A \in \mathbb{R}^\times)$.

(2) $u'x = 1/2$ を積分して $y^3 = 3x^3 \log(Ax)$ $(A \in \mathbb{R}^\times)$.

問題 2.24 (1) $u = x - 7/2$, $v = y - 5/2$ とおくと同次形 $\dfrac{\mathrm{d}v}{\mathrm{d}u} = \dfrac{5u - 7v}{u - 3v} = \dfrac{5 - 7(v/u)}{1 - 3(v/u)}$ を得る．これより $(5x - 3y - 10)^2 = C(x - y - 1)$ $(C \in \mathbb{R}^\times)$.

(2) $u = 6x - 2y$ とおくと変数分離形 $\dfrac{\mathrm{d}u}{\mathrm{d}x} = 4 - \dfrac{12(u-1)}{u+4}$ を得る．これより $3x - 4y + 5\log(8x - 12y - 7) = C$ $(C \in \mathbb{R})$.

問題 2.29 慣れてきたらいちいち等角切線の変数を X, Y と区別しないで一気に等角切線の微分方程式を求めよう．以下のようにやればよい．$y^2 - 4p(x+p) = 0$ の両辺を x で微分すると $2yy' - 4p = 0$. これより $y' = 2p/y$. これは定数 p を含んでいる．そこで $p = yy'/2$ と書き換え放物線の方程式に代入すると p を含まない微分方程式 $2xy' + y(y')^2 = y$ を得る．この微分方程式の y' を $-1/y'$ で置き換えれば直交切線の微分方程式 $2xy' + y(y')^2 = y$ が得られる．これはもとの放物線族が満たす微分方程式だから直交切線は自分自身である．この放物線族は原点を共通の焦点，x 軸を共通の軸にもつ放物線の集合である (**同焦放物線族**という)．同焦放物線族に含まれる 2 本の異なる放物線は互いに直交することは簡単に確かめられる．実際，$p_1 \neq p_2$ に対し $y^2 = 4p_1(x + p_1)$ と $y^2 = 4p_2(x + p_2)$ の交点における接線の傾きの積を計算すれば -1 である．

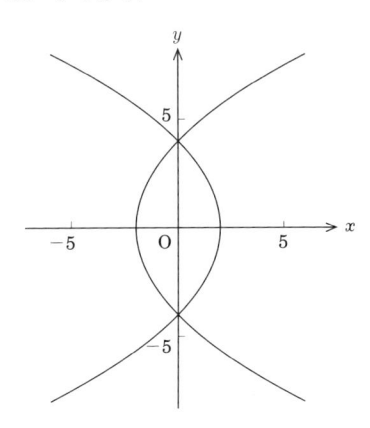

演習問題

問 2.1 $y = e^x/(x+1)^2$.

問 2.2 (1) $y = -x^2/2 + C$ および $y = 0$. (2) $\sqrt{y} = x^2 + C$ および $y = 0$.

問 2.3 (1) $\dfrac{d}{dt}\left(\left(\dfrac{dx}{dt}\right)^2 - \dfrac{2k^2}{x}\right) = 2\dfrac{dx}{dt}\dfrac{d^2x}{dt^2} + \dfrac{2k^2}{x^2}\dfrac{dx}{dt} = 2\dfrac{dx}{dt}\left(-\dfrac{k^2}{x^2} + \dfrac{k^2}{x^2}\right) = 0.$

(2) (1) より $\left(\dfrac{dx}{dt}\right)^2 - \dfrac{2k^2}{x} = C.$ $x(0) = R,\ \dot{x}(0) = \sqrt{2}k/R$ より $C = 0$. 初速度が正であるから $\dfrac{dx}{dt} = \dfrac{\sqrt{2}k}{\sqrt{x}}$. これを初期条件 $x(0) = R$ で解けば $x(t) = \left(\dfrac{2\sqrt{2}}{3}kt + R^{3/2}\right)^{2/3}$ を得る. この問題における定数 k は M を地球の質量, G を万有引力定数とするとき $k = \sqrt{GM}$ で与えられる. また初速度として指定した $v_0 = \sqrt{2}k/\sqrt{R} = \sqrt{(2GM)/R}$ は物体が地球の引力圏外に脱出するための最低の値であることが知られており**第 2 宇宙速度**とよばれている. $M \fallingdotseq 5.977 \times 10^{24}\,(\mathrm{kg}),\ G \fallingdotseq 6.7 \times 10^{-11}\,(\mathrm{m}^3 \cdot \mathrm{kg}^{-1} \cdot \mathrm{s}^{-2}))$ とすると第 2 宇宙速度は $11.2\,(\mathrm{km}\cdot\mathrm{s}^{-1})$. (**高校生読者への課題**) 第 1 宇宙速度, 第 3 宇宙速度とは何か調べてみよう.

問 2.4 この族は原点を共通の焦点にもつ. $x^2/(a^2 - c) + y^2/(b^2 - c) = 1$ の両辺を微分して $x/(a^2 - c) + yy'/(b^2 - c) = 0$. これを c について解いて楕円族の方程式に代入すると $xy(y')^2 + (x^2 - y^2 - a^2 + b^2)y' - xy = 0$ を得る. この方程式で y' を $-1/y'$ に置き換えると同一の微分方程式 $xy(y')^2 + (x^2 - y^2 - a^2 + b^2)y' - xy = 0$ を得る. これはもとの楕円群と交わらねばならないから $a^2 > c > b^2$ の場合, つまり双曲線が答えとなる.

原点を焦点にもつ有心 2 次曲線 $x^2/\alpha + y^2/\beta = 1$ (ただし $\alpha > 0,\ \beta < \alpha$) と焦点を共有する有心 2 次曲線は $x^2/(\alpha - k) + y^2/(\beta - k) = 1$ で与えられることが平面解析幾何学で知られている (**同焦有心 2 次曲線**). さらに楕円族と双曲線族からなること, 楕円族と双曲線族は互いに直交切線であることも知られている.

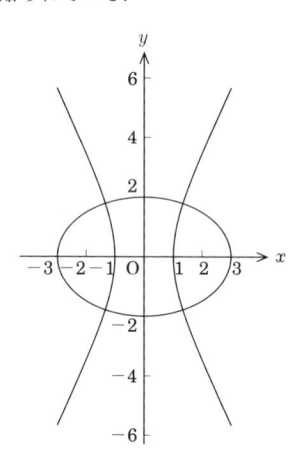

問 2.5 この放物線族が共通に満たす微分方程式は $xy' = 2y - \sqrt{3}x$. y' を $(y' - \sqrt{3})/(1 + $

$\sqrt{3}y')$ で置き換えると同次形の常微分方程式 $(2x - \sqrt{3}y)y' = y$ を得る. これを解いて放物線族 $y^2 = c(\sqrt{3}y - x)$ を得る. y' を $(y' + \sqrt{3})/(1 - \sqrt{3}y')$ で置き換えたときは $(\sqrt{3}y - x)y' = y - \sqrt{3}x$ を得る. これを解いて楕円族 $\sqrt{3}x^2 - 2xy + \sqrt{3}y^2 = c$ を得る.

第3章の解答

問題 3.5 両辺を微分すると $y'' + 2y' = 2$. これを $(y' - 1)' = -2(y' - 1)$ と書き直せば $y' - 1 = Ce^{-2x}$ を得る. もとの常微分方程式からこの式を引けば $y = -Ce^{-2x} + x + 2$ を得る.

問題 3.7 (1) 同伴する斉次方程式の一般解は $y = Ae^{-x^2/2}$. $y = A(x)e^{-x^2/2}$ を代入すると $A' = ax^3 e^{x^2/2}$.

$$A(x) = a\int x^3 e^{x^2/2}\, dx = a\int (e^{x^2/2})' x^2\, dx = a\left\{x^2 e^{x^2/2} - \int e^{x^2/2}(2x)\, dx\right\}$$
$$= a\left\{e^{x^2/2}(x^2 - 2) + C\right\}.$$

以上より $y = a\{(x^2 - 2) + Ce^{-x^2/2}\}$.

(2) 斉次方程式の一般解は $y = Ae^{-\sin x}$. $y = A(x)e^{-\sin x}$ を代入すると $A'(x) = e^{\sin x}\sin(2x)$. $t = \sin x$ とおくと

$$A(x) = \int \sin(2x)e^{\sin x}\, dx = 2\int te^t\, dt$$
$$= 2\int \frac{d}{dt}(e^t)\, t\, dt = 2\left\{te^t - \int e^t\, dt\right\} = 2e^t(t - 1) + C.$$

以上より $y = 2(\sin x - 1) + Ce^{-\sin x}$.

問題 3.8 (1) $y = ax^2 + bx + c$ を微分方程式に代入して

$$2ax + b - 2(ax^2 + bx + c) = -2ax^2 + 2(a - b)x + (b - 2c)2x^2 - 4x + 3$$

より $a = -1$, $b = 1$, $c = -1$.

(2) Ce^{kx} は余函数であるから $k = 2$ であることはすぐわかるが指示通り解いてみる.

$$y' = (f(x) + Ce^{kx})' - 2(f(x) + Ce^{kx}) = (f'(x) - 2f(x)) + C(k - 2)e^{kx} = 2x^2 - 4x + 3.$$

$f'(x) - 2f(x) = 2x^2 - 4x + 3$ より $C(k - 2)e^{kx} = 0$ となるから, $k = 2$.

(3) (1) と (2) より一般解は $y = -x^2 + x - 1 + Ce^{2x}$ で与えられる. ここに $x = 0, y = 3$ を代入すると $C = 4$ を得る. したがって $y = -x^2 + x - 1 + 4e^{2x}$.

問題 3.12 $\mu = e^{-2x}$ より $(e^{-2x}y)' = e^{3x}$. したがって $y = e^{2x}\left(\dfrac{1}{3}e^{3x} + C\right) = \dfrac{1}{3}e^{5x} +$

Ce^{2x}.

問題 3.16 略.

演習問題

問 3.1 $0 \leqq t \leqq T$ と $T < t$ に分けて考える.

$0 \leqq t \leqq T$ において,起電力は一定値 V であるから $I(0) = I_0 = 0$ より

$$I(t) = \frac{V}{R}\left(1 - e^{-Rt/L}\right), \quad 0 \leqq t \leqq T.$$

とくに $I(T) = (V/R)(1 - \exp(-RT/L))$.

$T < t$ において $E(t) = 0$ であるから $I(t) = A\exp(-Rt/L)$. $I(T) = (V/R)(1 - \exp(-RT/L))$ であるから $A = (V/R)(e^{RT/L} - 1)$. したがって

$$I(t) = \frac{V}{R}(e^{RT/L} - 1)e^{-Rt/L}, \quad t > T$$

を得る.L/R を時定数という.

問 3.2 リッカチ方程式についての出題.(1) $(y_1' - y_2')/(y_1 - y_2) = 2b + c(y_1 + y_2)$.(2) (1) を使って計算.(3) $y = \{Ky_1(y_2 - y_3) + y_3(y_1 - y_2)\}/\{K(y_2 - y_3) + (y_1 - y_2)\}$.複比については『リッカチのひ・み・つ』1.5 節を参照.

第4章の解答

問題 4.5 $y_1 = e^{\alpha x}$ を微分方程式に代入すると $(a\lambda^2 + b\lambda + c)e^{\lambda x} = 0$ であるから,y_1 が解であるための必要十分条件は $a\lambda^2 + 2b\lambda + c = 0$.次に $y_2 = xe^{\lambda x}$ を代入すると

$$(2\lambda a + \lambda^2 ax + b + b\lambda x + cx)e^{\lambda x} = \{(a\lambda^2 + b\lambda + c)x + (2a\lambda + b)\}e^{\lambda x} = 0.$$

したがって y_2 が解であるための必要十分条件は $a\lambda^2 + b\lambda + c = 0$ かつ $2a\lambda + b = 0$.$\lambda = -b/(2a)$ を $a\lambda^2 + b\lambda + c = 0$ に代入すると $b^2/(4a) - (b^2)/(2a) + c = 0$,すなわち $b^2 - 4ac = 0$.したがって $at^2 + bt + c = 0$ は重解をもつ.

逆に $at^2 + bt + c = 0$ は重解をもつと仮定する.このとき $\lambda = -b/(2a)$ は $at^2 + bt + c = 0$ を満たすから

$$ay_1'' + by_1' + cy_1 = (a\lambda^2 + b\lambda + c)e^{\lambda x} = 0,$$
$$ay_2'' + by_2' + cy_2 = \{(a\lambda^2 + b\lambda + c)x + (2a\lambda + b)\}e^{\lambda x} = 0.$$

したがって y_1, y_2 を解にもつ.

問題 4.10 両辺に $2y'$ をかけると $\{(y')^2\}' = (\mu^2 y^2)'$ が得られる．この両辺を x で積分すると $(y')^2 = \mu^2 y^2 + C$ (C は積分定数) を得る．$C = (y')^2 - \mu^2 y^2 = \varepsilon k^2$ ($k \geqq 0$) とおく ($\varepsilon = \pm 1$)．$k = 0$ のときは $y = 0$ である．以下 $k > 0$ とする．

$$(y')^2 = \varepsilon k^2 \left(1 + \varepsilon \left(\frac{\mu}{k} y\right)^2\right)$$

と書き直せるから，$z = \lambda y/k$ とおくと $(z')^2 = \varepsilon \mu^2 (1 + \varepsilon z^2)$ を得る．

- $\varepsilon = 1$ のとき：

$$\int \frac{\mathrm{d}z}{\sqrt{1 + z^2}} = \int \mu \,\mathrm{d}x$$

より $\sinh^{-1} z = \mu(x + c)$ (c は積分定数)．これを y について書き直して双曲線函数の加法定理を使うと

$$y = \frac{k}{\mu} \sinh(\mu(x + c)) = \frac{k}{\mu} (\sinh(\mu x) \cosh(\mu c) + \cosh(\mu x) \sinh(\mu c))$$

と計算できるので $y = c_1 \cosh(\mu x) + c_2 \sinh(\mu x)$ ($c_1, c_2 \in \mathbb{R}$) と表示できる．もちろん $y = 0$ は $c_1 = c_2 = 0$ の場合として含まれている．

- $\varepsilon = -1$ のとき：

$$\int \frac{\mathrm{d}z}{\sqrt{z^2 - 1}} = \int \mu \,\mathrm{d}x$$

より $\cosh^{-1} z = \mu(x + c)$ (c は積分定数)．これを y について書き直して双曲線函数の加法定理を使うと

$$y = \frac{k}{\mu} \cosh(\mu(x + c)) = \frac{k}{\mu} (\cosh(\mu x) \cosh(\mu c) + \sinh(\mu x) \sinh(\mu c))$$

と計算できるので，この場合も $y = c_1 \cosh(\mu x) + c_2 \sinh(\mu x)$ ($c_1, c_2 \in \mathbb{R}$) と表示できる．$y = 0$ は $c_1 = c_2 = 0$ の場合として含まれている．

双曲余弦函数と双曲正弦函数はそれぞれ $\cosh x = (e^x + e^{-x})/2$, $\sinh x = (e^x - e^{-x})/2$ で定義されていたから

$$y = c_1 \cosh(\mu x) + c_2 \sinh(\mu x) = \frac{1}{2}(c_1(e^{\mu x} + e^{-\mu x}) + c_2(e^{\mu x} - e^{-\mu x}))$$

$$= \frac{c_1 + c_2}{2} e^{\mu x} + \frac{c_1 - c_2}{2} e^{-\mu x}$$

と書き直せることに注意しよう．

問題 4.22 $y = Ce^x$ とおいて代入すると $C = -1/2$ を得る．

問題 4.24 斉次方程式の基本解は例題 4.20 より $\{e^x \cos x, e^x \sin x\}$．$u = xe^x \cos x$, $v =$

$xe^x\sin x$ とおくと $u'' - 2u' - 2u = -2e^x \sin x$, $v'' - 2v' - 2v = 2e^x \cos x$ より $v/2$ が特殊解を与える．同様に $y'' - 2y' + 2y = e^x \sin x$ の特殊解として $-u/2$ が求められる．

問題 4.33 (1) $y = (Ax)/\omega + c_1 \cos(\omega x) + c_2 \sin(\omega x)$．

(2) $u = -\dfrac{A}{\omega}\displaystyle\int e^{ax}\sin(\omega x)\,\mathrm{d}x = \dfrac{Ae^{ax}}{\omega(\omega^2+a^2)}(\omega\cos(\omega x) - a\sin(\omega x)) + C_1$,

$v = \dfrac{A}{\omega}\displaystyle\int e^{ax}\cos(\omega x)\,\mathrm{d}x = \dfrac{Ae^{ax}}{\omega(\omega^2+a^2)}(a\cos(\omega x) + \omega\sin(\omega x)) + C_2$

より $C_1 = C_2 = 0$ と選ぶと特殊解 $Ae^{ax}/(\omega^2+a^2)$ を得るので一般解は，$Ae^{ax}/(\omega^2+a^2) + c_1\cos(\omega x) + c_2\sin(\omega x)$．

問題 4.35 (1) $u = -x^2/2$, $v = -\log x$ と選んでよいので $y = x^2\log x - x^2/2$．(2) $u = x^4/4 + x^2$, $v = -x^6/6 - x^4/2$ と選んでよいので $y = x^5/12 + x^3/2$．

問題 4.39 $p + q + 1 = 0$ より $y_1 = e^x$ が同伴斉次微分方程式の解の候補である．計算して本当に解であることが確かめられる．$y = u(x)e^x$ とおいて代入すると $u(x) = \dfrac{1}{2}x^2 + c_2(x+1)e^{-x} + c_1$．したがって $y = \dfrac{1}{2}x^2 e^{-x} + c_1 e^x + c_2(x+1)$．

演習問題

問 4.1 $p, q \in \mathbb{R}$ と関数 $r(x)$ に対し常微分方程式 $x^2 y'' + pxy' + qy = r(x)$ を**オイラー型微分方程式**とよぶ．$x = e^t$ とおき y を t の関数と考える．t による微分をドットで表す．(1) $\ddot{y} = y$ より $y = c_1 e^t + c_2 e^{-t} = c_1 x + c_2/x$．(2) $\ddot{y} - 2\dot{y} + 3y = 0$ より $y = c_1 e^t \cos(\sqrt{2}t) + c_2 e^t \sin(\sqrt{2}t) = c_1 x \cos(\sqrt{2}\log x) + c_2 x \sin(\sqrt{2}\log x)$．

問 4.2 (1) 定数変化法を用いる．同伴斉次微分方程式の一般解は $(c_1 + c_2 x)e^{2x}$．そこで $y = A(x)e^{2x}$ とおいて微分方程式に代入すると $A''(x) = \log x$．したがって $A(x) = x^2/\log x - 3x^2/4$ と選べばよい．すなわち $y = e^{2x}(x^2/\log x - 3x^2/4)$ は特殊解．

(2) 公式 (4.8) を用いる．$y_1 = \cos(2x)$, $y_2 = \sin(2x)$ と選ぶと $W(y_1, y_2) = 2$．$y = \cos(2x)\log|\cos x| + x\sin(2x) - \sin^2 x$ と求められる．

第 5 章の解答

問題 5.4 y_0 を $(D-\alpha)^2 y = f(x)$ の解とすると

$$D^2(e^{-\alpha x} y_0) = D(-\alpha e^{-\alpha x} y_0 + e^{-\alpha x} Dy_0) = -\alpha D(e^{-\alpha x} y_0) + D(e^{-\alpha x} y_0')$$
$$= \alpha^2 e^{-\alpha x} y_0 - 2\alpha e^{-\alpha x} y_0' + e^{-\alpha x} y_0'' = e^{-\alpha x}(D^2 y_0 - 2\alpha D y_0 + \alpha^2 y_0)$$

$$= e^{-\alpha x}(D-\alpha)^2 y_0 = e^{-\alpha x} f(x)$$

であるから結論の式を得る．

問題 5.5 (1) $\dfrac{1}{D}\cos(2x) = \displaystyle\int \cos(2x)\,\mathrm{d}x = \dfrac{1}{2}\sin(2x) + C$.

(2) $\dfrac{1}{D-2}x = e^{2x}\displaystyle\int e^{-2x} x\,\mathrm{d}x = e^{2x}\left\{\int \left(-\dfrac{1}{2}e^{-2x}\right)' x\,\mathrm{d}x\right\}$

$\qquad = e^{2x}\left\{-\dfrac{1}{2}e^{-2x} x - \displaystyle\int -\dfrac{1}{2}e^{-2x}\,\mathrm{d}x\right\} = e^{2x}\left(\dfrac{x}{2}e^{-2x} - \dfrac{1}{4}e^{-2x} + C\right)$

$\qquad = Ce^{2x} - \dfrac{x}{2} - \dfrac{1}{4}$.

問題 5.9 $\dfrac{1}{D-\alpha}0 = e^{\alpha x}\displaystyle\int e^{-\alpha x} 0\,\mathrm{d}x = e^{\alpha x} c_0$.

$\qquad \dfrac{1}{D-\alpha}\left(\dfrac{1}{D-\alpha}0\right) = e^{\alpha x}\displaystyle\int c_0 e^{\alpha x} e^{-\alpha x}\,\mathrm{d}x = e^{\alpha x}(c_0 x + c_1)$.

以下この繰り返しで (5.16) を得る．

問題 5.11 略．

問題 5.12 (1) $P(t) = t^2 - t$ に対し $P(D^2) = D^4 - D^2$, $P(-1) \neq 0$. したがって $y_0 = \dfrac{1}{D^4 - D^2}\sin x = \dfrac{1}{P(-1)}\sin x = \dfrac{1}{2}\sin x$.

(2) $y_0 = \dfrac{1}{D^2 + 4}\cos x = \dfrac{1}{P(-1)}\cos x = \dfrac{1}{3}\cos x$.

問題 5.17 同伴斉次微分方程式の一般解は $(c_1 + c_2 x)e^{2x}$. (5.18) を使うと特殊解 y_0 が
$$\dfrac{e^{2x}}{D^2}(6x) = x^3 e^{2x}$$
と求められる．

問題 5.19 $y = \dfrac{1}{(D-2)(D^2+1)}(x^2+1) = -\dfrac{1}{2}\dfrac{1}{(1-D/2)(1-(-D^2))}(x^2+1)$.

ここで $D^3 x^2 = 0$ に注意すると

$$y = -\dfrac{1}{2}\left(1 + \dfrac{D}{2} + \dfrac{D^2}{4}\right)(1-D^2)(x^2+1)$$

$$= -\dfrac{1}{2}\left(1 + \dfrac{D}{2} + \dfrac{D^2}{4}\right)(x^2-1) = -\dfrac{1}{2}x^2 - \dfrac{1}{2}x + \dfrac{1}{4}.$$

問題 5.21　(1)

$$
\begin{array}{r}
x^2 + 2x + 2 \\
1-D \overline{\smash{\big)}\, x^2 } \\
\underline{x^2 - 2x} \\
2x \\
\underline{2x - 2} \\
2 \\
\underline{2} \\
0
\end{array}
$$

(2)

$$
\begin{array}{r}
\frac{1}{3}x^3 - 2x \\
D+D^3 \overline{\smash{\big)}\, x^2 } \\
x^2 + 2 \\
-2 \\
\underline{-2} \\
0
\end{array}
$$

問題 5.23　(1) 公式 (5.18) より特殊解 y_0 が $y_0 = e^{2x}\left(\dfrac{1}{D^3+3D^2-D-3}\right)x$ で求められる．山辺の方法で $y_0 = e^{2x}(x^4/36 - x^3/27 + x^2/27)$ を得る．

(2) 同様に $y_0 = e^x\left(\dfrac{1}{D^3+3D^2-4D-12}\right)x^2$. 山辺の方法で $y_0 = e^x(-x^2/12 + x/18)$ を得る．

第6章の解答

問題 6.19　$|a_{2k}/a_{2k+2}|$ と $|a_{2k+1}/a_{2k+3}|$ の極限を計算．

問題 6.24　$x = \cos\theta$ とおくと

$$\int_0^1 (1-x^2)^n \, dx = \int_0^{\pi/2} \cos^{2n+1}\theta \, d\theta = \frac{2\cdot 4 \cdots 2n}{3\cdot 5 \cdots (2n+1)}.$$

問題 6.27　(1) 定義通りに計算すればよい．

$H_1(x) = (-1)^1 e^{x^2} D(e^{-x^2}) = -e^{x^2}(-2xe^{-x^2}) = 2x,$

$H_2(x) = (-1)^2 e^{x^2} D^2(e^{-x^2}) = e^{x^2}(-2e^{-x^2} + 4x^2 e^{-x^2}) = 4x^2 - 2,$

$H_3(x) = (-1)^3 e^{x^2} D^3(e^{-x^2}) = -e^{x^2}(4xe^{-x^2} + 8xe^{-x^2} - 8x^3 e^{-x^2}) = 8x^3 - 12x.$

(2) $H_n(x)$ の導函数を求めておく．

$$\frac{d}{dx}H_n(x) = D\left\{(-1)^n e^{x^2} D^n(e^{-x^2})\right\}$$

$$= (-1)^n \left\{2xe^{x^2} D^n(e^{-x^2}) + e^{x^2} D^{n+1}(e^{-x^2})\right\}$$

$$= (-1)^n (2x) e^{x^2} D^n(e^{-x^2}) - (-1)^{n+1} e^{x^2} D^{n+1}(e^{-x^2})$$

$$= 2x H_n(x) - H_{n+1}(x).$$

数学的帰納法で $H_n(x)$ が n 次多項式であることを証明する．

$n=1$ のとき：$H_1(x) = 2x$ なので正しい．

$n = k$ のとき正しいと仮定すると $H_{k+1}(x) = 2xH_k(x) - DH_k(x)$ より $H_{k+1}(x)$ も多項式．なぜなら $H_k(x)$ が k 次多項式なので，それに x をかけた $xH_k(x)$ は $(k+1)$ 次多項式．$H_k(x)$ の導関数は $(k-1)$ 次多項式．したがってすべての自然数 n について $H_n(x)$ は n 次多項式である．

(3) $H_n(x)$ の定義式を書き換えて $D^n(e^{-x^2}) = (-1)^n e^{-x^2} H_n(x)$. $n \geqq 3$ に対し

$$\begin{aligned}
S_n(a) &= (-1)^n \int_0^a x \cdot Dx^n(e^{-x^2})\,\mathrm{d}x \\
&= (-1)^n \left\{ \left[x \cdot D^{n-1}(e^{-x^2})\right]_0^a - \int_0^a 1 \cdot D^{n-1}(e^{-x^2})\mathrm{d}x \right\} \\
&= (-1)^n \left\{ \left[x(-1)^{n-1}e^{-x^2}H_{n-1}(x)\right]_0^a - \left[D^{n-2}(e^{-x^2})\right]_0^a \right\} \\
&= (-1)^n \left\{ (-1)^{n-1} ae^{-a^2} H_{n-1}(a) - \left[(-1)^{n-2} e^{-x^2} H_{n-2}(x)\right]_0^a \right\} \\
&= -e^{-a^2}\{aH_{n-1}(a) + H_{n-2}(a)\} + H_{n-2}(0).
\end{aligned}$$

(4) (3) より $S_6(a) = -e^{-a^2}(aH_5(a) + H_4(a)) + H_4(0)$．(2) より $aH_5(a) + H_4(a)$ は a の 6 次多項式．ここで $\lim_{a \to \infty} a^k e^{-a^2} = 0$ より，$\lim_{a \to \infty} e^{-a^2}(aH_5(a) + H_4(a)) = 0$．ゆえに $\lim_{a \to \infty} S_6(a) = H_4(0)$．$H_4(x)$ は $H_4(x) = 2xH_3(x) - \dfrac{\mathrm{d}}{\mathrm{d}x}H_3(x) = 16x^4 - 48x^2 + 12$ と計算されるので $\lim_{a \to \infty} S_6(a) = 12$．

問題 6.28 (6.18) より，$H_n'' - 2xH_n' + 2H_n = 2n\{H_n - 2xH_{n-1} + 2(n-1)H_{n-2}\}$．

問題 6.29 項別微分を行い $\psi_x = \sum_{n=1}^{\infty} \dfrac{1}{n!}\left(\dfrac{\mathrm{d}}{\mathrm{d}x}H_n(x)\right)t^n$ を得る．一方 $\psi_x = 2t\psi = \sum_{n=1}^{\infty} \dfrac{2H_{n-1}(x)}{(n-1)!}t^n$ なので両者を比較して (6.18) を得る．(6.17) の証明も同様．

問題 6.32 $x = \cos\theta$ とおき置換積分し $\int_0^{\pi} \cos(mx)\cos(nx)\,\mathrm{d}x$ の値が $m = n = 0$ のとき π, $m = n \neq 0$ のとき $\pi/2$, $m \neq n$ のとき 0 であることを利用．

問題 6.33 (1) $\cos(n\theta) + i\sin(n\theta) = (\cos\theta + i\sin\theta)^n$ より

$$\begin{aligned}
\cos(n\theta) + i\sin(n\theta) &= \cos^n\theta(1 + i\tan\theta)^n \\
&= \cos^n\theta(1 + {}_nC_1 i\tan\theta + {}_nC_2 i^2\tan^2\theta + \cdots + {}_nC_n i^n\tan^n\theta).
\end{aligned}$$

$q_n(x) = 1 - {}_nC_2 x^2 + {}_nC_4 x^4 + \cdots$, $p_n(x) = {}_nC_1 x - {}_nC_3 x^3 + \cdots$ とおけばよい．

(2) $q_n(x) + ip_n(x) = (1 + ix)^n$ の両辺を x で微分すればよい．

問題 6.36 $f(x) = T_3(x)/4$ に注意．(1) $f'(x) = 3(x^2 - 1/4)$ より $f(1/2) = -1/4$ が最小値．$f(-1/2) = 1/4$ が最大値．(2) $g(x) = x^3 + ax^2 + bx + c$ とおく．$h(x) = g(x) - f(x)$ に

対し，$|g(x)| \leqq 1/4$ より $g(x)+1/4 \geqq 0$, $g(x)-1/4 \leqq 0$. したがって $h(-1) \geqq 0$, $h(-1/2) \leqq 0$, $h(1/2) \geqq 0$, $h(1) \leqq 0$. ところで $h(x) = ax^2 + (b-3/4)x + c$ であったから，これらの四つの不等式を満たすのは $h(x) = 0$ しかない．

問題 6.37 (1) 漸化式を用いて計算する．$f_2(x) = xf_1(x) + (x^2-1)g_1(x) = x \cdot x + (x^2-1) \cdot 1 = 2x^2 - 1$. 同様の計算をして $g_2(x) = 2x$, $f_3(x) = 4x^3 - 3x$, $g_3(x) = 4x^2 - 1$.

(2) 数学的帰納法で証明する．$n=1$ のときは $\{f_1(x)\}^2 - (x^2-1)\{g_1(x)\}^2 = x^2 - (x^2-1) \cdot 1^2 = 1$ より正しい．$n=k$ のとき正しいと仮定すると

$$\{f_{k+1}(x)\}^2 - (x^2-1)\{g_{k+1}(x)\}^2$$
$$= \{xf_k(x) + (x^2-1)g_k(x)\}^2 - (x^2-1)\{f_k(x) + xg_k(x)\}^2$$
$$= x^2\{f_k(x)\}^2 + 2x(x^2-1)f_k(x)g_k(x) + (x^2-1)\{g_k(x)\}^2 - (x^2-1)\{f_k(x)\}^2$$
$$\quad - 2(x^2-1)xf_k(x)g_k(x) - (x^2-1)x^2\{g_k(x)\}^2$$
$$= \{x^2 - (x^2-1)\}\{f_k(x)\}^2 + \{2x^3 - 2x - (2x^3 - 2x)\}f_k(x)g_k(x)$$
$$\quad + \{x^4 - 2x^2 + 1 - (x^4 - x^2)\}\{g_k(x)\}^2$$
$$= \{f_k(x)\}^2 - (x^2-1)\{g_k(x)\}^2 = 1.$$

したがってすべての自然数 n について，この等式は正しい．

(3) これも数学的帰納法で証明する．$n=1$ のとき $f_1(\cos\theta) = \cos\theta$, $g_1(\cos\theta) = 1$ より正しいことがわかる．$n=k$ のときの成立を仮定する．$n=k+1$ に対し

$$f_{k+1}(\cos\theta) = \cos\theta f_k(\cos\theta) + (\cos^2\theta - 1)g_k(\cos\theta)$$
$$= \cos\theta \cos(k\theta) - \sin^2\theta g_k(\cos\theta)$$
$$= \cos\theta \cos(k\theta) - \sin\theta \sin(k\theta) = \cos\{(k+1)\theta\}.$$

g_{k+1} についても同様．したがって，すべての自然数 n について，問題の等式は正しい．

問題 6.45 $1/x = \sum\limits_{n=0}^{\infty} a_n x^n$ ならば両辺に x をかけて $1 = a_0 x + a_1 x^2 + \cdots$ となる．$x=0$ とすると $1=0$ となり矛盾．

演習問題

問 6.1 $y = 1 + \sum\limits_{n=1}^{\infty} \dfrac{1 \cdot 4 \cdot 7 \cdots (3n-2)}{(3n)!} x^{3n}$.

問 6.2 $f(1) = f(-1) = 0$ より $b = -1$, $c = -a$ である．ルジャンドル多項式を使ってみる．$f(x) = \dfrac{2}{5}P_3(x) + g(x) = x^3 - \dfrac{3}{5}x + \dfrac{1}{5}(5ax^2 - 2x - 5a)$ とおく．

$$I = \int_{-1}^1 f(x)^2\,dx = \int_{-1}^1 \left(\frac{2}{5}P_3(x) + g(x)\right)^2 dx$$
$$= \frac{4}{25}\int_{-1}^1 P_3(x)^2\,dx + \frac{4}{5}\int_{-1}^1 P_3(x)g(x)\,dx + \int_{-1}^1 g(x)^2\,dx.$$

第 1 項は定数. 第 2 項は 0 なので第 3 項を最小にすればよい.

$$\int_{-1}^1 g(x)^2\,dx = \frac{16}{15}a^2 + \frac{8}{75} \geq \frac{8}{75}$$

より $a=0$ のとき I は最小となる. 最小値を求めよう. $a=0$ のとき $b=-1, c=0$ であるから $I = \int_{-1}^1 f(x)^2 dx = \int_{-1}^1 (x^3-x)^2\,dx = 16/105$. または $\int_{-1}^1 P_3(x)^2\,dx = 2/7$ を用いて $I \geq \frac{4}{25} \times \frac{2}{7} + \frac{8}{75} = \frac{16}{105}$ を導いてもよい.

問 6.3 (1) $L(f+tg) = \int_{-1}^1 (f(x)+tg(x))^2 dx \geq 0$ である. ここで $\int_{-1}^1 (f(x)+tg(x))^2 dx = L(g)t^2 + 2\langle f|g\rangle t + L(f)$ である. もし区間 $[-1,1]$ で $g(x)$ が恒等的に 0 のとき $L(g)=0$, $\langle f|g\rangle = 0$ なので不等式が成立している (とくに等号). g が恒等的に 0 でないとき ($L(g) > 0$ に注意). t に関する 2 次不等式 $L(g)t^2 + 2\langle f|g\rangle t + L(f) \geq 0$ より $\langle f|g\rangle^2 \leq L(f)L(g)$.

(2) $L(f+tg) = 14t^2 - 2 \times \frac{28}{3}t + L(f) = 14\left(t - \frac{28}{3}\right)^2 +$ 定数 だから $t = 28/3$ のときに最小値をとる.

第7章の解答

問題 7.6 (1) $\boldsymbol{y} = c_1 e^{5x}(3,1) + c_2 e^{-2x}(1,-2)$. (2) 固有値は 3 で重解. 固有ベクトルとして $\boldsymbol{p}_1 = (1,-1)$ をとる. $(A-3E)\boldsymbol{p}_2 = (1,-1)$ の解として $\boldsymbol{p}_2 = (0,-1)$ をとると $P^{-1}AP = 3E+N$. $\boldsymbol{y} = (c_1+c_2 x)e^{3x}(1,-1) + c_2 e^{3x}(0,-1)$. (3) 特性根は $\lambda = 1+i$, $\bar{\lambda} = 1-i$. 対応する固有ベクトルとしてそれぞれ $\boldsymbol{p}_1 = (1,-i), \boldsymbol{p}_2 = (1,i)$ をとると $\boldsymbol{y} = c_1 e^x(\cos x, \sin x) + c_2 e^x(\sin x, -\cos x)$.

問題 7.17 例 7.14 より

$$\boldsymbol{y} = (c_1+c_2 x)e^{\lambda x}\boldsymbol{p}_1 + c_2 e^{\lambda x}\boldsymbol{p}_2 = P\begin{pmatrix}e^{\lambda x} & xe^{\lambda x} \\ 0 & e^{\lambda x}\end{pmatrix}\begin{pmatrix}c_1 \\ c_2\end{pmatrix}$$
$$= P\exp\begin{pmatrix}\lambda x & x \\ 0 & \lambda x\end{pmatrix}P^{-1}P\begin{pmatrix}c_1 \\ c_2\end{pmatrix} = \exp(xA)\boldsymbol{y}_0.$$

演習問題

問 7.1 平衡点は $(0,0)$. ヤコビ行列の特性根は $1 \pm \sqrt{2}i$. 平衡点は不安定渦状点.

問 7.2 平衡点は $(-2,-1)$. ヤコビ行列の特性根は 2 (重解). 平衡点は結節点.

第8章の解答

問題 8.3
$$\frac{d}{dt}E(t) = \frac{dU}{dx}\frac{dx}{dt} + \frac{dK}{dx}\frac{dx}{dt} = -f(x(t))v(t) + mv(t)\dot{v}(t)$$
$$= v(t)(-f(x(t)) + m\ddot{x}(t)) = 0$$

であるから E は定数であることがわかる.

付録の解答

問題 A.5 (1) (A.5) を使う. $\dfrac{2^{\ell+m+1}\,\ell!\,m!}{(\ell+m+1)!}$.

(2) ベータ函数の定義式 (A.3) において $t = \cos^2\theta \left(0 \leqq \theta \leqq \dfrac{\pi}{2}\right)$ とおいて置換積分を行うと $B(x,y) = 2\displaystyle\int_0^{\frac{\pi}{2}} \cos^{2x-1}\theta \sin^{2y-1}\theta \, d\theta$ となる. ここで $2x-1 = \dfrac{5}{3}, 2y-1 = 7$ と選べばよい. (A.4) を使えば $\displaystyle\int_0^{\frac{\pi}{2}} (\cos x)^{\frac{5}{3}} \sin^7 x \, dx = B(4/3, 4) = \dfrac{243}{3640}$ を得る.

問題 A.6 (1) $f_n(t) = e^t - t^n/n!$ とおく. n に関する数学的帰納法で証明する. $\dot{f}_1(t) = e^t - 1 \geqq 0$, $f_1(0) = 1$ より $t \geqq 0$ で $f_1(t) \geqq 0$. $n = k$ のとき $f_k \geqq 0$ を仮定すると $\dot{f}_{k+1}(t) = f_k(t) \geqq 0$.

(2) (1) より $0 < x^m e^{-x} < (m+1)!/x$. ゆえに $\displaystyle\lim_{x\to\infty} x^m e^{-x} = 0$.

$$I_m = \lim_{t\to\infty} \int_0^t x^m e^{-x}\, dx = \lim_{t\to\infty} \int_0^\infty x^m(-e^{-x})' \, dx$$
$$= \lim_{t\to\infty} \left\{ \left[-x^m e^{-x}\right]_0^t - m\int_0^t x^{m-1}(-e^{-x})\, dx \right\} = \lim_{x\to\infty} \int_0^t x^{m-1}e^{-x}\, dx = mI_{m-1}.$$

この式より $I_1 = 1$ と $I_m = mI_{m-1} = \cdots m! I_1$ を得るから $I_m = m!$.

問題 A.9 $\displaystyle\int_0^{+\infty} e^{-x^2}\, dx = \sqrt{\pi}/2$ を使う. $\sqrt{t} = x$ とおき置換積分.

$$\Gamma(1/2) = \int_0^{+\infty} e^{-t}(1/2)^{x-1}\, dt = \int_0^{+\infty} e^{-t}/\sqrt{t}\, dt = 2\int_0^{+\infty} e^{-x^2}\, dx = \sqrt{\pi}.$$

問題 B.4 (1) $y(t)$ のラプラス変換を $Y(s)$ と書くと $s^2 Y(s) - sy(0) - y'(0) - 7(sY(s) - y(0)) + 12Y(s) = 1/(s-1)$ より

$$Y(s) = \frac{1}{(s-1)(s-3)(s-4)} = \frac{1}{6(s-1)} - \frac{1}{2(s-3)} + \frac{1}{3(s-4)}.$$

逆変換をとって $y = e^t/6 - e^{3t}/2 + e^{4t}/3$.

(2) y_1, y_2 のラプラス変換を Y_1, Y_2 で表すと $sY_1 = Y_1 - Y_2 + 1/(s^2+1)$, $sY_2 = Y_1 + Y_2 + 2/(s^2+1)$. ゆえに

$$Y_1 = -\frac{s+1}{s^2+1} + \frac{s-1}{(s-1)^2+1}, \quad Y_2 = -\frac{1}{s^2+1} + \frac{1}{(s-1)^2+1}$$

であるから逆変換をとって $y_1 = -\cos t - \sin t + e^t \cos t$, $y_2 = -\sin t + e^t \sin t$.

参考文献

この本を読み終えた読者のためにいくつか図書の案内をしておこう．

この本でも，できるだけ常微分方程式の自然科学における実例を取りあげてきたが，それらはごくごく一部に過ぎない．常微分方程式が数理科学・社会科学のどのような場面で活躍しているかについては次の本で学ぶことができる．

[1] デヴィッド・バージェス，モラグ・ボリー著，垣田高夫，大町比佐栄訳『微分方程式で数学モデルを作ろう』，日本評論社 (1990)

[2] 佐藤總夫『自然の数理と社会の数理 I 微分方程式で解析する』，日本評論社 (1984)

[3] 佐藤總夫『自然の数理と社会の数理 II 微分方程式で解析する』，日本評論社 (1987)

この本は常微分方程式について初めて学ぶことを目標としていたため，扱う対象を (よくばらず) 限定して丁寧に解説してきた．この本で扱わなかった常微分方程式，たとえば完全微分方程式やクレローの微分方程式については

[4] 木村俊房『常微分方程式の解法』，培風館 (1958)

[5] 矢嶋信男『常微分方程式』，岩波書店 (1989)

を推薦しておく．連立常微分方程式についてさらに詳しく学びたい読者は

[6] 高崎金久『常微分方程式』，日本評論社 (2006)

を読むとよい．

この本で説明してきた「常微分方程式の解法」を修得するには，やはり演習問題を多く解くことが最良・最善の学習方法である．演習書[1]として

[7] 和達三樹，矢嶋 徹『微分方程式演習』，岩波書店 (1998)

[8] 及川正行，永井 敦，矢嶋 徹『工学基礎 常微分方程式』，サイエンス社 (2006)

を紹介しておく．古い本だが

[9] 高野一夫『微分方程式の演習』，森北出版 (1957)

もよい．

1] 高校生読者へ：大学で学ぶ数学の「問題集」に相当する本は「演習書」といいます．

本格的に (かつ数学的に) 常微分方程式を学びたい読者は，複素函数論を学んだ後で

[10] 高野恭一『常微分方程式』，朝倉書店 (1994)

を読むとよい．

また物理学・数学を専攻される読者には

[10] 武部尚志『数学で物理を』, 日本評論社 (2007)

をお薦めする．

第 5 章，第 6 章のコラムで触れた KdV 方程式・戸田格子については

[11] 戸田盛和『非線形波動とソリトン』(新版)，日本評論社 (2000)

が参考書として推薦できる．

索引

数字・アルファベット

1径数群……159
1次変換……17, 161
exp……7

あ行

鞍点……167
位置エネルギー……179
一次反応……23
一般解……25
一般固有ベクトル……151
ウェーバーの微分方程式……127
運動エネルギー……179
運動方程式……19, 179
エアリーの微分方程式……147
エネルギー準位……127
エルミート多項式……125
オイラー型微分方程式……202

か行

解……25
開円板……141
開区間……2
開集合……142
階数……24
階数低下法……88
解析的……114, 115
解析力学……180
確定特異点……138
過減衰……71
加速度……19
加法定理……9, 201
ガンマ函数……11, 138, 184
規格化……134
起電力……7
軌道……160
基本解……65, 79

級数解……115
行……12
境界条件……127
共振……77
強制振動……76
共軛複素数……66
行列……12
行列式……14, 79
行列の指数函数……155
行列の無限級数……154
曲線族……43
曲線のなす角……43
群……159
減衰振動……70
広義積分……10, 181
恒等的に0……30, 82
項別積分……113, 190
項別微分……113, 155
固有値……14
固有ベクトル……14
固有方程式……15

さ行

サイクロイド……178
座標平面……12
差分方程式……21
三角函数の合成……68
指数的増殖……22, 114
自然対数……7
自然対数の底……7
時定数……200
重荷函数……132
周期函数……5
収束半径……111
従属変数……24
主値積分……11
シュレディンガー方程式……127
常用対数……7
剰余項……109
振幅……68
数平面……iv, 12, 162
斉次……49, 58

積分因子……55
積分曲線……162
零行列……13
線型近似……166
線型結合……50, 58, 80
線型常微分方程式……49
線型独立……14, 79
双曲正弦函数……7, 110
双曲正接函数……8
双曲余弦函数……7, 110
増殖率……21
速度……19

た 行

対角行列……13, 151
第 2 宇宙速度……198
第 2 種チェビシェフ多項式……132
単位行列……13, 14
単純増殖……22, 27, 148
単振動……67
チェビシェフ多項式……128
超幾何微分方程式……141
直交関係……134
直交切線……44
直交多項式……134
定数係数……58
定数変化法……51
テイラー級数……109
テイラー級数展開可能……109
テイラー展開……26
等角切線……44
等加速度運動……19
同次形……39
等時性……69, 178
同焦放物線族……197
同焦有心 2 次曲線……198
等速運動……19
同伴斉次微分方程式……50
特異解……26, 37, 194
特異点……138
特殊解……25
特殊函数……140

特性根……15
特性方程式……60
独立変数……24, 28
戸田格子……146
特解……25

な 行

滑らか……4, 144
二項係数……5
二次反応……37
ニュートン……19
任意定数……25
ノイマン函数……140

は 行

半開区間……2
汎函数……174
ハンケル行列……145
非斉次項……49, 58
左微分係数……4
非負……8
ブースト……161
フックの法則……67
平均値の定理……107
閉区間……2
冪級数……111
ベクトル場……162
ベッセル函数……138
変数分離形……29, 50
偏導函数……140
偏微分……140
偏微分係数……143
偏微分方程式……106, 175
変分……174
変分原理……180
補函数……51
母函数……127
ポッホハンマー記号……141

ま 行

右微分係数……3
モーメント列……145

や 行

ヤコビ行列……166
山辺の方法……103
余函数……51, 94, 102

ら 行

ライプニッツの公式……5, 91, 120, 126
ラゲルの微分方程式……137
ラプラス変換……191
リッカチ方程式……56, 200
リプシッツ条件……194
領域……142, 162
臨界減衰……70
ルジャンドル多項式……118, 135
ルジャンドルの微分方程式……115
列……12
連結……142
連続……2
ローレンツ変換……161
ロジスティック方程式……28, 148
ロトカ-ヴォルテラ方程式……149
ロンスキアン……79
ロンスキー行列式……79

井ノ口 順一 (いのぐち・じゅんいち)

1967年　千葉県銚子市生まれ．
　　　　東京都立大学大学院理学研究科博士課程数学専攻単位取得退学．
現　在　筑波大学数理物質系教授．教育学修士(数学教育)，博士(理学)．
　　　　専門は可積分幾何・差分幾何．算数・数学教育の研究，数学の啓蒙
　　　　活動も行っている．

著　書　『幾何学いろいろ ―― 距離と合同からはじめる大学幾何学入門』(日
　　　　本評論社，2007)
　　　　『リッカチのひ・み・つ ―― 解ける微分方程式の理由を探る』(日本
　　　　評論社，2010)
　　　　『どこにでも居る幾何 ―― アサガオから宇宙まで』(日本評論社，
　　　　2010)
　　　　『曲線とソリトン』(朝倉書店，2010)

NBS Nippyo Basic Series　　日本評論社ベーシック・シリーズ＝NBS

常微分方程式
(じょうびぶんほうていしき)

2015年7月25日　第1版第1刷発行

著　者————井ノ口順一
発行者————串崎　浩
発行所————株式会社 日本評論社
　　　　　　〒170-8474 東京都豊島区南大塚 3-12-4
電　話————(03) 3987-8621 (販売) (03) 3987-8599 (編集)
印　刷————三美印刷
製　本————難波製本
装　幀————図工ファイブ
イラスト———オビカカズミ

ⓒ Jun-ichi Inoguchi 2015　　　　　ISBN 978-4-535-80629-0

JCOPY ((社)出版者著作権管理機構 委託出版物) 本書の無断複写は著作権法上での例外を除き禁じられています．
複写される場合は，そのつど事前に，(社)出版者著作権管理機構(電話 03-3513-6969，FAX 03-3513-6979，e-mail:
info@jcopy.or.jp) の許諾を得てください．また，本書を代行業者等の第三者に依頼してスキャニング等の行為によりデジ
タル化することは，個人の家庭内の利用であっても，一切認められておりません．

日評ベーシック・シリーズ

大学数学への誘い　　佐久間一浩＋小畑久美 著
高校数学の復習とそこからつながる大学数学への橋渡しを意識して執筆。「リメディアル教育」にも対応。3段階レベルの演習問題で、理解度がわかるよう工夫を凝らした。●本体2,000円＋税●ISBN 978-4-535-80627-6

線形代数 —— 行列と数ベクトル空間　　竹山美宏 著
高校数学からのつながりに配慮して、線形代数を丁寧に解説。具体例をあげ、行列や数ベクトル空間の意味を理解できるよう工夫した。
●本体2,300円＋税●ISBN 978-4-535-80628-3

微分積分 —— 1変数と2変数　　川平友規 著
例題の答えや証明が省略せずていねいに書かれ、自習書として使いやすい。豊富な例や例題から、具体的にイメージがつかめるようにした。
●本体2,300円＋税●ISBN 978-4-535-80630-6

常微分方程式　　井ノ口順一 著
生物学・化学・物理学からの例を通して、常微分方程式の解き方を説明。理工学系の諸分野で必須となる内容を重点的にとりあげた。
●本体2,200円＋税●ISBN 978-4-535-80629-0

▶ 2015年 秋 刊行予定
　　集合と位相　小森洋平 著　　　複素解析　宮地秀樹 著
　　群論　　　　星 明考 著　　　　確率統計　乙部巌己 著

▶ 2016年 刊行予定
　　ベクトル空間 —— 続・線形代数　　竹山美宏 著
　　解析学入門 —— 続・微分積分　　　川平友規 著
　　初等的数論　　　　　　　　　　　岡崎龍太郎 著
　　数値計算　　　　　　　　　　　　松浦真也＋谷口隆晴 著
　　曲面とベクトル解析　　　　　　　小林真平 著
　　環論　　　　　　　　　　　　　　池田 岳 著

日本評論社　　http://www.nippyo.co.jp/